王慧 著

1～2岁

宝宝来了

泰山出版社·济南·

图书在版编目（CIP）数据

宝宝来了. 1~2岁 / 王慧著. -- 济南 ：泰山出版
社，2025. 4. -- ISBN 978-7-5519-0910-5

Ⅰ. TS976.3-49

中国国家版本馆CIP数据核字第2025L4P137号

BAOBAO LAILE　1~2 SUI

宝宝来了　1~2岁

策　　划	胡　威
责任编辑	王艳艳　任春玉
封面插图	李　虹
装帧设计	路渊源

出版发行 泰山出版社

社　　址　济南市泺源大街2号　邮编　250014
电　　话　综 合 部（0531）82023579　82022566
　　　　　出版业务部（0531）82025510　82020455
网　　址　www.tscbs.com
电子信箱　tscbs@sohu.com

印　　刷	山东通达印刷有限公司
成品尺寸	170 mm × 240 mm　16开
印　　张	9
字　　数	166千字
版　　次	2025年5月第1版
印　　次	2025年5月第1次印刷
标准书号	ISBN 978-7-5519-0910-5
定　　价	52.00元

前　言

0～3岁是人一生中发展最快的阶段,从蹒跚学步到跑跳自如,从牙牙学语到流利表达,从懵懂无知到精灵古怪,宝宝在动作、语言、认知等方面飞速发展。脑科学研究表明:婴儿的大脑发育迅速,每秒钟形成100多万个新的神经元连接。神经元之间的连接依赖于早期的生活经验,婴幼儿在早期得到的感知觉经验、外界刺激、人际互动都会影响到大脑神经突触之间的连接,而这些早期的神经突触连接成为日后大脑发育的基础,甚至会影响到孩子的身心健康、终生学习与适应能力。

0～3岁也是人一生中最特殊的阶段。婴幼儿认识和了解世界的途径和成人不同,其主要途径是感知觉。婴幼儿对客观世界的认识是由感知觉开始的。在此基础上,婴幼儿才能构建起记忆、想象、思维的城堡,逐步深入去探索世界的奥秘。成人眼中平常的事物,对于孩子来说,不仅是五彩斑斓、妙趣无穷的,更是惊奇不已、影响一生的。初尝美食的味觉盛宴、雨后小径的泥土芬芳、清晨鸟鸣的悦耳动听、清风拂面的温柔触碰、夜幕降临的星空璀璨,这些早期丰富的体验不仅能让他们在视、听、嗅、味、触等感知觉方面飞速发展,还能影响他们大脑神经突触之间的连接,让他们可以更有智慧地去认知和探索世界。

这个阶段的宝贝还将经历独特的心理发展历程。8个月的宝贝每天都黏着妈妈,是因为他们到了"母婴依恋"的关键期。在此期间,母亲和主要养护人充分陪伴,才能帮助孩子建立起安全感。2岁多的宝贝频繁地说"不",不是想和大人作对,而是他们进入了自我意识萌发期,想通过说"不"来表达自我，证明他们有和大人不一样的想法。他们还有一些不同寻常的行为，如有的宝贝喜欢撕纸或抠洞洞，有的宝贝喜欢将东西反复扔在地上，还有的宝贝要把所有的玩具都放到嘴巴里品尝一遍。他们独特的行为不是在故意和大人捣乱，而是在表达他们的主体性，揭示了这个年龄段旺盛的发展需求。

如何读懂这种需求，并给予宝贝最好的支持？这不仅需要了解婴幼儿的发展规律，还要有适宜的方法和他们进行互动。大人先要变成孩子，站到他们的视角去观察、理解他们，再变回父母，站在成人的角度去支持他们。父母经过了变回孩子再变回父母的历程，才能真正帮助宝宝成长，给予他们现阶段最需要的爱。

《宝宝来了》就是描述了这样一个历程。本书采取"书中书"的形式，在每一章的故事部分，以第一人称视角展现宝宝的天性，通过童话式的故事，描绘宝宝0~3岁的成长历程。每一章节都围绕一个宝宝可能遇到的情景展开，捕捉宝宝成长过程中最真实、最生动的瞬间，展现他们内心世界的困惑和思考，让父母变成宝宝，感受宝宝如何理解和感知世界，从而实现对宝宝的爱与尊重。本书在写作时尽可能集合众多普遍性和个性化的育儿现象与问题，相信每个父母都能从书中获得有针对性的启发。需要注意的是，文学化的描述不可避免带有想象，而且书中"文学化"的宝宝有时会有超越现实中同年龄段宝宝的想象与思维能力。因此在阅读时，父母们不要将书中宝宝的想象与思维能力刻意和自己的宝宝做对比。

在每个故事之后，都附有系统、详尽的育儿知识。作者依据本年龄段宝宝的生理和心理发展特点，梳理了众多家长关心的育儿难题与困惑，并提供具体可行的育儿建议，指导家长尊重宝宝的主体性，关注宝宝的情感与人格成长，给他们足够的空间去探索与成就自我。希望父母能够从更加理性的角度来审视育儿，成为更好的父母。

本书写作的3年，恰似一个婴儿成长的3年，等到书稿完成，仿佛看到一个婴儿从呱呱落地成长到将要上幼儿园的阶段，心中充满了喜悦。生命是最神奇的现象，而爱是浇灌生命最重要的营养，每个家庭都能在孩子成长的过程中发现爱，分享爱，传递爱。本书饱含着宝宝对周围事物的热爱，也渗透着浓浓的亲情。愿每一位读者，在成为宝宝又成为父母的历程中，体会到对家人、世界和万物的爱，同时也能被爱滋养，再把这份爱传递给最需要的小宝贝们。

在此，感谢泰山出版社社长与各位同仁在本书写作过程中提出的宝贵意见，也感谢写作过程中江虹老师、王海燕老师、李兵兵老师的支持！

王　慧

2025 年 1 月

目录

第一章　四处巡视的小"国王"（13个月）/ 001

第二章　到处出现的欣欣（14个月）/ 010

第三章　玩具们要旅行（15个月）/ 020

第四章　受伤也不可怕（16个月）/ 032

第五章　我把世界画下来（17个月）/ 041

第六章　它们都从天上掉下来了（18个月）/ 053

第七章　高高的世界（19个月）/ 064

第八章　变大与变小（20个月）/ 075

第九章　给小妮娜洗澡（21个月）/ 085

第十章　好朋友和一家人（22个月）/ 093

第十一章（上）　妈妈的小花园（23个月）/ 104

第十一章（下）　洞洞里的秘密（23个月）/ 115

第十二章　我喜欢晚上（24个月）/ 125

第一章 四处巡视的小·"国王"
（13个月）

吃完早饭后，我就精神抖擞地从"宫殿"出发，开始巡视了。我巡视的路线是这样的：从我的"宫殿"，也就是小卧室出发，先巡视爸爸妈妈的卧室，然后巡视爷爷奶奶的房间，最后是客厅。一般巡视到爷爷奶奶的房间的时候，我就累了，因为我只能用我的双手扶着墙，慢慢往前挪动自己的脚步。后面的巡视工作，只能让爸爸或者妈妈抱着我进行，但是这丝毫不影响我这个小"国王"的巡视工作，反而增加了更多的乐趣。

两个月前，我就开始巡视了。刚开始，我只能扶着墙站起来；后来，我可以慢慢向前挪动身体了。随着脚下的力量越来越强，我的胆子也越来越大。有一次，我趁妈妈不注意，从卧室扶着墙走到了客厅。我感觉我已经不需要大人的帮助就可以自由地行动了。这才像国王做的事情，国王应该自己站起来，不能总是要大人抱着。我体验到了一种从来没有过的自豪感，这让我更加大胆地去做以前没有做过的事情。有一次，我试着在走路过程中放开了妈妈的手，跟跟跄跄地往前走了好几步，但紧接着就一个屁蹲儿坐在了地上。屁股被摔得生疼，我刚要哭，就被爸爸妈妈鼓励又温暖的眼神制止了。我忘记了疼痛，扶着墙自豪地站起来，继续巡视。没错，国王都是这样征服世界的，即使摔倒了也可以自己站起来，继续往前走……妈妈打趣地说："我们家的小国王要去巡视喽。"

"巡视"这个词，我起初是从妈妈给我讲的故事里边听到的。妈妈讲，有一个小国王，他每天都要在自己的国家巡视，每次都能发现很多新奇的风景和新鲜的事情。

同样，我的"王国"里也有很多新奇的风景。屋里有温暖的阳光，屋外有风，有花朵，有树，还有叽叽喳喳的小鸟。我的座驾——那个曾经高大得像堡垒一样的小车，我现在俯视它的时候，它突然变得很小，安静地站在那里，仿佛在说："主人，我随时在这里为你服务。"爬行垫上的大抱枕、毛绒小兔子，当初我和它们玩耍的时候，根本抱不住它们，而现在，它们变得迷你又可爱。

忽然，我发现我的"宫殿"里出现了一团黑乎乎的东西，还不停地晃动着，我要把它赶出去。我双手扶着墙走过去，可是我的腿并不那么听我使唤，我一不小心摔了一个大屁蹲儿，把刚进屋的妈妈逗得哈哈大笑。我指着那团黑乎乎的东西给妈妈看，妈妈说那是树的影子。我抬起头向屋外看去，飞舞的窗帘遮住了我的视线，我走过去，想用小手抓住它。眼看着就要抓住了，没想到它又飞走了。尽管没抓住窗帘，但我看见了那棵投下黑影的树了，它在风中摇曳着，宫殿里的影子也调皮地晃来晃去。

这时候，妈妈走过来看着我："宝宝，你没有扶墙，自己就能走了啊！"从妈妈惊喜的眼神中，我感觉自己似乎完成了一件大事。我早就离开了墙，稳稳当当地走了很多步呢。嗯，我可真是个厉害的小"国王"。我正要拍拍小手给自己鼓个掌，哎呀，身体没稳住，又一个屁蹲儿坐到了地上，看来不能太骄傲呀。

妈妈带着我走到客厅的中央就放开了我的手，让我自己往前走。我有点胆怯，回过头来想拉她的手，但是她坚定地看着我，说我很棒，不用牵着妈妈的手也可以走。我只好自己尝试着往前走。我跟跟跄跄地走了几步，突然感觉地板正在转圈圈，摇得我站都站不稳了，就在要摔倒的时候，妈妈用胳膊护住了我。妈妈笑着说："宝宝，你好厉害，很快你就可以自己走路了。"

屋子里面已经被我巡视遍了，我很想去巡视其他地方，便拉着妈妈的手指着门外说："出出，出出。"妈妈带着我来到了小区里的小操场上，塑胶跑道内侧铺着一大片草坪。妈妈经常带着我来这里玩耍，看花丛中流连的蝴蝶。

小操场上，还有好几个小"国王"，他们也在爸爸妈妈的帮助下巡视呢。但是这些小"国王"都没有我神气，他们有的被围在一个车里，自己走到哪里，车就走到哪里，妈妈说那是学步车，能保护他们在走路的时候不摔倒；有的居然被一个带子牵着，带子的一端绕在他们的胸部，另一端牵在父母的手里，这哪里还有国王的样子啊！妈妈说那是学步带，可以为小朋友们提供保护和支撑。只有我是拉着妈妈的手在走路，根本不需要任何东西的帮助，我才是真正的小"国王"呢！想到这里，我不自觉地昂起来头，骄傲地向前走去。

　　阳光铺洒在绿色的草坪上，发出星星点点的光。跑道前方摇曳的树影，在向我问好；翩翩起舞的蝴蝶，在为我喝彩。一上午的工夫，我拉着妈妈的手，一直从跑道的这头走到那头，不停地巡视。中间她不时放开手让我自己走几步，虽然我摔了几个大屁蹲儿，但是没关系，"国王"偶尔有失误也正常嘛，我站起来继续兴冲冲地向前走，一点都不觉得累！

　　中午还没有吃完午饭，我就在小饭桌上打起了呵欠，妈妈说看来我是真的累了。我沉沉地睡了一下午。在睡梦里，我长得越来越高，变成了一个大"国王"，周围的家具只到我的脚踝。后来，当我抬起头，我的脑袋能够钻进云彩里。经常跟我玩耍的小兔子玩偶、小熊抱枕，也变得和我一样高，它们和我一起走出家门，俯视脚下的草坪和树木。远处的爸爸妈妈都在仰头看着我，就像我平时仰头看他们一样，我带着我的小动物随从们，一直往前走，走得越来越远……

给爸爸妈妈的话

到了13个月，绝大多数宝宝已经不需要大人搀扶，就能够稳稳站立，并尝试向前走了；有的宝宝甚至走得很稳了，但也有的宝宝还不会走。这都是正常现象，家长不要着急。在宝宝熟练地走路之前，走路姿势可能是东倒西歪的，甚至出现"内八字"或者"外八字"。这些都不要紧，随着他们走路越来越稳，这些现象都会消失。宝宝在认知、语言、情绪等方面的能力也发展很快，不仅能认识方形、圆形等常见的形状，还能分清红色、黄色等常见的颜色。他们还会说爸爸、妈妈、爷爷、奶奶等叠词，以及走、吃、出等单音节词。他们对外界事物的好奇心和探索欲更加强烈，总想用小手去够一够、摸一摸。

一、宝宝发展迎来新阶段

（一）走路需要"学步车"和"学步带"吗？

13个月的宝宝在运动智能上迈出了自己的第一步，开始学会独立行走。行走是宝宝大运动能力发展的一个重要过程。刚开始学习走路的时候孩子很难掌握身体的平衡，经常摔跤，家长应该注意保护好孩子的安全。但摔跤一般是向前跌倒，不会摔得很严重，所以家长也不用过分担心。

很多父母都会用"学步车"和"学步带"来帮助宝宝走路。借助这些器械，宝宝的确能够多"走路"，父母也比较省心省力，但是走路是宝宝的天性，能够自然习得，过分依赖"学步车"和"学步带"，并不利于宝宝平衡能力的发展，反而会使宝宝更加依赖"学步车"和"学步带"。家长不妨在室内铺设软地垫，或者来到户外松软的草坪、地面上，先带着宝宝走路，再逐步放开宝宝，最终让宝宝能独立行走。宝宝学习走路的过程中，父母要在身后护着宝宝，这样他一旦不能掌握平衡，父母就能给予及时的保护。经过反复多次练习，宝宝会逐渐掌握身体平衡的要领，并获得自信。

（二）在真实情境中发展语言能力

1岁以前，宝宝处于语言的吸收期，会使用较多的"姿势语言"来表达自己的需求。1岁以后，宝宝的语言意识和语言能力飞速发展，对于大人的口头指令能够做出积极的反应，也会用简单的语言表达自己的要求和愿望。有的宝宝从能够说单字逐步过渡到说叠词。1~2岁，宝宝将逐步学会说出完整的句子。这一时期的宝宝不仅愿意模仿大人的语言和发音，也会自己发出有意义的语音，如可以用名词表示他们想要的东西等。他们对于成人语言的理解，往往超出成人的预期。

日常生活中的交流是宝宝学习语言最好的契机，尤其是在真实的情境中学习语言更加有效。比如爸爸妈妈可以描述正在发生的事情："妈妈正在给你冲奶粉，你看这就是奶瓶。"对于孩子日常接触到的事物，父母都可以及时用语言描述出来，让孩子对正在经历和正在看到、听到的事情有深入的理解，进而在情境中自然习得语言。如果使用识字卡片等符号类的材料，需要将真实的事物和卡片对应起来，否则幼儿不仅不感兴趣，还不能真正理解语言的意义。

二、喂养有新招

（一）继续喝配方奶粉

1岁多的宝宝有的已经不吃母乳了，但是蛋白质仍然是宝宝营养的主要来源。由于1岁的宝宝肠胃发育还不完善，所以还不能很好地消化吸收纯牛奶。如果喝纯牛奶，有可能会导致孩子出现腹胀、腹泻或其他情况。一般情况下，纯牛奶适合成人喝或者是3岁以上的孩子喝，因此建议给宝宝继续喝适合月龄段的配方奶粉。

（二）辅食搭配多样化

对于这个年龄段的宝宝，谷类食品成为他们的主食。宝宝的膳食安排要以米、面为主，同时搭配蔬菜、豆制品等，也可以适量添加一些奶制品和鱼类。

谷物可以选择米饭、面条、燕麦等，由于宝宝的肠胃功能仍然较弱，所以要制作得相对软烂和精细。在食物的搭配上也可以多样化，最好能经常更换花样，如小动物造型的小馒头、馅料比较细碎的小包子和小饺子，以及馄饨、花卷等，以增加宝宝进食的兴趣。

蔬菜可以选择菠菜、胡萝卜、土豆等，开始可以为泥状，再逐渐过渡到成型的固体食材，但是要软烂。

水果可以选择苹果、香蕉等，尽量保证多样化，以满足宝宝对不同营养元素的需求。

1岁以后的宝宝也可以逐渐吃肉了，肉要新鲜软烂，可以选择鸡肉、猪肉、鱼肉等肉类。为补充蛋白质，还可以给宝宝提供豆腐、豆浆等豆制品。

无论哪种食物，一定要保证新鲜和卫生，无添加，无污染，以保证宝宝的健康和安全。还应引导宝宝习惯不同食物的口感和味道，定时定量喂养，以宝宝不饿为准，避免过度饮食。注意观察宝宝的大便以及宝宝吃不同食物后的情况，密切关注宝宝是否有食物过敏等情况，以及时调整饮食结构。

（三）培养独立进食的习惯

很多家长觉得孩子吃饭很费劲，这往往是因为宝宝被从小喂到大，甚至有的家长会觉得孩子没有吃饱，过度喂养，追着喂养。这使宝宝觉得吃饭的事情似乎和自己没有关系，饿了有人喂，没有养成独立进食的习惯，导致出现宝宝在吃饭的时候玩耍、过于投入地看电视、坐不住等情况。

因此在宝宝1岁左右，就要逐步培养他们独立吃饭的习惯。刚开始的时候，宝宝还需要大人喂食，后面宝宝就会自己吃饭啦。在家人一起吃饭的时候，把宝宝也放在桌边，给宝宝准备一个独立的餐椅与小餐桌。如果宝宝还不会用勺子，就将他们的小手洗干净，在干净的餐盘上放一些固体的食物，让他们用手捏着吃。宝宝的小手会越来越灵活，1岁半以后，可以给他们提供小勺子，逐步锻炼他们自己吃饭的能力，这个过程也锻炼了宝宝的手眼口协调的能力。

第二章　到处出现的欣欣
（14个月）

　　"欣欣"是我的名字，这个名字很响亮、很悦耳，每次爸爸妈妈呼唤我的时候，我都会用力挪动我的小腿，快速地走到他们跟前，把小脸凑过去，等待他们的亲吻或者拥抱。

　　"欣欣是不是醒了呀？"一大早，妈妈柔和的声音传过来。听到妈妈的声音，我爬起来，环顾着四周，晨曦照亮了我的小屋，朝霞给整个世界都披上了柔曼的轻纱。妈妈正用她充满爱意的大眼睛望着我，我从她的眼睛里看到一个小人儿。我指着妈妈的眼睛，眉毛快要拧成一个小问号，心里想："这个小人儿是谁呢？""起床吧，宝贝。"妈妈看我的小手依然指着她的眼睛，笑着说："你是不是看到妈妈眼睛里的小人儿了？这是你啊，妈妈看着你，你就出现在妈妈的眼睛里了！"我就在妈妈的眼睛里吗？我这么大，是怎么钻到她的眼睛里的？还没等我想明白，妈妈已经帮我穿好衣服了。

　　我用手指了指外面，就往床边爬，妈妈扶着我下了床。"欣欣又开始巡视了。"奶奶笑着说。自从前些日子我学会走路之后，我就像故事里的小国王，经常神气地在屋子里"巡视"。虽然走路的时候我还像一只小企鹅一样歪歪扭扭的，但是我不用借助任何人和任何物体的支持，就能走到屋子的每一个角落。

　　初冬的阳光照耀着我的身体，将影子投射到洁净的地板上，这个影子有圆圆的脑袋、大大的耳朵，戴着小鸭子的帽子，走起路来还摇摇晃晃的。我蹲下去，影子也蹲下去；我站起来，影子也站起来。妈妈过来了，她的影子也跟了过来。我趴下去，摸着影子，影子和地板一样，冰凉凉的。我又指着影子，疑惑地看向妈妈，妈妈笑着说："欣欣怎么跑到地板上啦？"好奇怪啊，我不就是欣欣吗？怎么又跑到地板上了？我刚才在妈妈的眼睛里，现在怎么又在地板上？我实在想不清楚，就站住不动了，而影子也不动了。我想给影子一个拥抱，可等我趴到地板上，影子不见了。我起身，影子又出现了。我向另外一个屋子走去，影子也跟着我走。我发现无论我走到哪里，影子都跟着我，就像跟着国王巡视的小随从。

　　巡视完卧室，我又走到了客厅，我的影子"随从"也跟着我到了客厅。我停在客厅大大的镜子跟前，盯着镜子里的那个小朋友看了许久，他的眼睛大大的，睫毛又弯又长，穿着淡黄色的衣服，一只胖乎乎的小手扶着镜子，另一只小手指着我，用好奇的目光盯着我。我对小朋友笑了笑，他也对我笑了笑；我摸摸他的脸，他也来摸我的脸。他的脸冰凉凉的，和镜子一样光滑。好几个月以来，我都能在镜子里见到这个小朋友，我不止一次地感到疑惑：他怎么总学我呢？我指着他，嘴里喊着"妈妈，妈妈"，把妈妈叫了过来。妈妈过来指着镜子说："宝贝，镜子里的这个小朋友是谁啊？是不是你啊？"

我更疑惑了，我从妈妈的眼睛里，跑到了地板上，现在又跑到了镜子里，我到底在哪里呢？哪个才是我呢？我摸一摸自己的脑袋，镜子里的小朋友也学我的样子摸一摸脑袋，露出了疑惑的神情。还有一次，奶奶抱着我去妈妈卧室关窗户时，我发现妈妈梳妆台上的镜子里也有个小朋友，我当时很纳闷他是怎么跑到里面的，还把手伸向小镜子后面，想拉住那个小朋友的手。但我把镜子前后找了个遍，也没有找到他。奶奶告诉我，那个小朋友就是我。但我一直也不明白，那个小朋友怎么会是我呢？我不是在奶奶怀里吗？怎么还有另外一个我呢？不过我很喜欢镜子里的小朋友，经常对着他笑，去抱他，去亲他，还会对他说很多话。

现在我看着镜子里的小朋友，似乎明白了妈妈和奶奶的话。原来我无处不在，能进入妈妈的眼睛里，能趴到地板上成为黑黑的影子，但是我最喜欢的还是这个镜子里的小朋友。他比"影子随从"更像我，每天都和我穿一样的衣服，做同样的事情。看着他，我禁不住咧嘴笑了起来。我想和他做朋友，就把小脸贴在镜子上，使劲儿地亲他，恨不能也钻到镜子里面。我还对着他做出各种各样的表情和动作，妈妈看着我在旁边偷偷笑起来。

今天妈妈不上班，她给我讲了很多关于我的故事。比如，我的名字叫欣欣，我1岁多了，我有一个粉红色的小床，我屋子里的墙壁是淡黄色的，我有很多玩具，我喜欢出去玩，不喜欢总待在屋子里……这些话似乎让我明白了，我就是欣欣，欣欣是一个了不起的孩子，屋子里的很多东西是属于欣欣的，欣欣是卧室和小床的主人，欣欣有自己的"影子随从"，还有好朋友"镜子欣欣"。说到好朋友，我想起了我的玩偶小妮娜。既然它们都是我的好朋友，那我可以让妮娜和"镜子欣欣"认识一下。我抱着小妮娜走到镜子跟前，咦？"镜子欣欣"也抱着一个和小妮娜一模一样的玩偶。我让小妮娜去亲亲"镜子欣欣"，再去亲一亲"镜子妮娜"，没想到镜子里的欣欣从头到尾都在学我呢。我去摸一摸"镜子妮娜"，又亲了亲它，它和"镜子欣欣"一样，都很光滑，冰凉凉的，我摸不到它的衣服，也感受不到它柔软的脸。妈妈告诉我，这个镜子里的小妮娜，其实就是我怀里的小妮娜。我趴到镜子前仔细地看了看，镜子里也有妈妈、客厅、小桌子，反正我家里有什么，镜子里也有什么。镜子真神奇啊！

当我走进洗手间时，我又发现了一个镶嵌着闪亮钻石的镜子。这个镜子很小，我用双手就能捧起来。在这面小镜子里，也有一个"欣欣"，他正眨巴着大眼睛看我呢。我迫不及待地拿着镜子去找妈妈，告诉妈妈："欣欣，欣欣。"妈妈点点头，告诉我这个镜子里的也是欣欣。看来我能出现在不同的镜子里啊！

于是我抱起小镜子继续巡视，无论去到哪个屋子，我都看一眼"镜子欣欣"，"镜子欣欣"走得有点累，脸上出现了几颗汗珠。我到了涂鸦的画板前，拿起画笔，一不小心画笔划过了我的脸，"镜子欣欣"脸上出现了彩色的画笔道，滑稽又可爱。我饿了，就去拿水果吃，我边吃边看"镜子欣欣"，没想到"镜子欣欣"也在吃水果，他还流口水了！

我想起来，妈妈总在镜子跟前化妆、涂口红，我也学着妈妈的样子，在镜子前给自己涂口红。一开始，我先给"镜子欣欣"涂，但是他总是乱动，涂好的口红总是会离开他的嘴巴，后来我干脆给自己涂口红，"镜子欣欣"反而乖乖不动了，学着我的样子，这儿涂涂，那儿抹抹，一会儿嘴巴就变得红红的了。我又把小妮娜拿来，给小妮娜涂口红，"镜子妮娜"的嘴巴也变成红的了。我们四个人相对看着，我和"镜子欣欣"都咧着红红的嘴巴笑了。

夜晚降临了，洗完澡的时候，我透过浴室的大镜子，看到了一个光着身子的欣欣，不禁害羞地笑了起来，这个光溜溜的欣欣也害羞地笑了起来。我手里拿着小镜子，小镜子里的欣欣

也在害羞地笑着。我很开心地和"镜子欣欣"们玩了好多游戏，不一会儿，我看到"镜子欣欣"们都开始揉眼睛了，他们应该是和我一样感到困了吧。妈妈带我回了卧室，但是我手里一直攥着那个小镜子。一直到睡觉的时候，我都抱着小镜子，我很想看看"镜子欣欣"是不是也要睡觉了？睡着后的欣欣又是什么样子呢？

给爸爸妈妈的话

　　14月龄的宝宝身高明显增长，看起来似乎变瘦了，这是因为随着宝宝会走路后，运动量明显增加，他们的身体不再只是横向生长。他们的双腿力量越来越强，不仅走路越发熟练，甚至还能自己蹲下、站起来，保持平衡不摔倒。此时宝宝的词汇量显著增加，大多数宝宝能理解80~100个日常用语，有的宝宝会通过手势、动作、象声词与爸爸妈妈交流。宝宝的拇指、中指和食指能很好地配合去做事情。他们对自己的认识也到了一个新阶段。

一、帮助宝宝树立自我意识

（一）父母需要了解婴幼儿自我发展的过程

　　儿童心理学家迪克逊（Dickson）在1975年发表的研究文章中表明，婴儿的自我认知分为4个阶段。

　　1. "妈妈"阶段：4个月左右，婴儿对妈妈的镜像更感兴趣，会在看到妈妈的镜像后微笑。

　　2. "同伴"阶段：4~6个月，把自己的镜像当作自己的一个游戏同伴，还不能认识自我。

　　3. "伴随行动"阶段：7~12个月，这个阶段婴儿会随着镜子里的自己做出相对应的动作。

　　4. "主体自我"阶段：1岁左右，婴儿能够区分自己镜像的动作和其他婴儿的动作。

　　当婴儿认识到自己可以使物体或他人以某种可预测的方式发生反应时，他们的主体自我就开始逐渐出现了。

（二）帮助孩子逐渐认识到"自我"

1岁以后的宝宝，会逐渐认识到"自我"的存在，但是还不能将自己和外界截然分开，例如宝宝还认为自己和妈妈是一体的，妈妈走到哪里，自己就要跟到哪里。但是1~2岁是"物我知觉"逐渐分化的时期，宝宝通常会非常喜欢碰触外界的一切东西，因为他很想感受触摸自己和触摸别的东西有什么区别。他这样做的目的只有一个，就是在进行"物我知觉分化"。这时的宝宝看到镜子里的自己，似乎模模糊糊感到，那个动作和自己总是一模一样的小人儿可能就是他自己。

在这个阶段，父母可以用语言、动作帮助宝宝认识自己，如帮助宝宝识别镜子中的自己，识别自己的影子等。认识自己，是宝宝成长的重要标志。1~2岁，宝宝对外界事物的好奇和不断探索，是宝宝实现独立自主的基础。

二、为语言"爆发期"做准备

（一）多和宝宝说"正确"的语言

这个时候爸爸妈妈要鼓励宝宝多说话，并且和宝宝多交流。不要在意宝宝的语言是否正确，比如是否有语法错误，用词是否不当等，只要和宝宝交流的时候，爸爸妈妈说出的语言语法正确、用词恰当即可。在说话的时候，爸爸妈妈可以放慢说话的速度，咬字清晰。不要刻意模仿宝宝说话的样子，例如咬字不清、叠词很多，避免让宝宝认为这就是"正确"的语言。

（二）输入是表达的前提

1岁半到2岁是宝宝语言的爆发期，此时他们大脑发展迅速，能理解更多的语言，表达欲望强烈。有的宝宝在1岁半前后突然能说好多话，其实这都是之前语言输入足够多的结果。

首先，在宝宝说话的时候，爸爸妈妈要尽量保持和宝宝同一视线，盯着宝宝的眼睛，专注倾听，这样宝宝会觉得受到了重视，就更愿意表达。其次，爸爸妈妈可以多使用简单句，少使用复杂的句子和宝宝交流，比如说一说今天上班过程中遇到的有趣的事情。再次，多给宝宝读绘本，让宝宝听儿歌、听故事。通过这些方式，宝宝会对故事情节、儿歌的韵律感兴趣，自动地去模仿其中的语言，逐渐积累更多的词汇。和宝宝讲故事的时候尽量做到声情并茂、抑扬顿挫，宝宝会被爸爸妈妈的表情、动作吸引，这样也会增强他们对故事的理解，从而激发他们也去使用语言来表达自己的想法。最后，给宝宝更多表达的机会，有些家庭中由于养护人照护得太细致，往往宝宝还没说出自己的想法，成人就已经满足他的需求了，这样反而减少了宝宝表达的机会，宝宝会觉得没有更多表达的必要。比如在宝宝喝水的时候，爸爸妈妈可以先问问他需要什么，引导他们说出"我要喝水"的需求。语言离不开日常人际交往和互动，需要成人多关注宝宝的需求，给他们表达的机会。

三、亲子互动小游戏

（一）听声取物

1 岁以后的宝宝会逐渐意识到，摇晃物体能发出声音，敲击物体也能发出声音。他们会通过玩手中的玩具，听它们的声音，探索声音和物体之间的关系。这在锻炼宝宝对声音的辨别能力的同时，也能提升他们的思考能力。

爸爸妈妈可以跟宝宝玩听声取物的游戏：拿一个小球放在盒子里，让盒子距离宝宝有一定的距离，先摇晃盒子发出声音，再把盒子放在一个地方，让宝宝去拿盒子，并把其中的小球取出来。

（二）一起去散步

宝宝在这个阶段喜欢走来走去，更加喜欢拖着东西走，在他们看来，这是一件非常有掌控感的事情。爸爸妈妈可以用废旧的纸箱做出小动物的模型，再用绳子拴着，让宝宝拉着小动物去"散步"。爸爸妈妈也可以拉着一个"小动物"，大家一起去散步。在愉快的氛围中，锻炼宝宝手眼协调、肢体协调能力和下肢力量。

第三章 玩具们要旅行
（15 个月）

我已经 15 个月了。妈妈说，等我再长大一点，就带我真正地出去旅行一次。她告诉我，旅行就是离开自己的家，去不同的地方看不同的风景，吃很多好吃的东西。这听起来好吸引人啊！但是在我看来，只要离开我的宫殿就是旅行了。宫殿外面有很多吸引我的东西，蓝天上飘浮的白云、树林里鸟鸣的声音、和我一样可爱的小伙伴们……当然，除了在家附近旅行，我还坐车去过姑姑家、舅舅家呢。我发现别人的家和我的家不一样，客厅的装饰不一样，好吃的不一样，大人们也不一样。总之，旅行中充满了乐趣，我喜欢旅行。

其实啊，大人们都没有发现，家里的玩具和一些小物件也很想旅行。这不，今天早上，我就帮助它们实现了这个愿望。清早我醒来后，发现整个屋子里静悄悄的。我想下床，喊了几声"妈妈"，一直没有人答应。不过没有妈妈的帮助，我也可以自己下床。我嘴里一边说着"欣欣，下，下"，给自己加油，一边把我的腿从床边滑下去，但是不知道为什么，我的小脚丫怎么都碰不到地面。我看着床和地面之间的距离，突然有点恐惧。这时，我发现了床上的枕头，突然想到了一个好办法。我就又努力爬回床上，拿起枕头扔到地上，再用小脚试探着往下踩，直到我的脚碰到了枕头，才慢慢爬下来。当我下来以后，发现枕头被我踩得翘起来，一副得意而骄傲的神情，仿佛是个帮助我下床的大功臣。我亲了亲它，又把床上的小兔子抱枕揪下来。小兔子在空中开心地打着转，落地后还蹦蹦跳跳了几下，好像笑得更灿烂了。是啊，它总是躺在床上，这次旅行它们既帮助了我，又换了地方，肯定很高兴。

就拿我自己来说吧，一直待在屋子里，时间长了真不好玩，但是到小区里，就能看到小朋友和小动物，还有蓝天白云，还有树木花草。家里的玩具和小物件肯定也不愿意总是待在一个地方。这么想着，我立马打开床头柜的第一个抽屉。它就像一个百宝箱，有能帮我恢复伤口的"魔法创可贴"，有能让我干裂的嘴唇变滋润的润唇膏，有能让妈妈变得更漂亮的面膜，有妈妈睡觉时用的眼罩，还有一串钥匙……它们肯定也在抽屉里待腻了，不如让它们出来看看外边的风景吧！我把它们一个一个都扔到了地上，让它们来一场愉快的旅行。卫生纸拖着长长的尾巴滑行着，似乎对自己的家还恋恋不舍；润唇膏则迫不及待，干净利落地冲到地上；钥匙兴奋不已，从一开始就发出"丁零当啷"的响声，似乎对出去旅行充满了期待。不一会儿，创可贴、书、眼镜盒等都乖乖地躺在了地上，它们看着我，仿佛在说："我们终于从那个沉闷的抽屉里出来了！"

　　我又想起来第二个抽屉里也有很多小物件，它们也没有见过外面的风景呢，我要去解救它们！我马上开始行动，很快就完成了救援任务。妈妈进来后吓了一跳，床头柜的三个抽屉都已经被我打开，我的小脑袋还埋在最后打开的抽屉里面，正费力地把里面的东西一件一件地掏出来。妈妈惊呆了，看到我开心的神情，她的表情有些复杂，有一刻，我似乎看到她咬紧了嘴唇。我觉察到她异样的情绪，赶紧不断喊着"妈妈，妈妈"。妈妈紧绷的嘴唇打开了，"扑哧"一声笑了。看来妈妈并没有生气，我只想把所有的小物件都从抽屉里解救出去，于是我继续把剩下的东西一件件掏出去。看着三个抽屉都空了，我感觉很骄傲。这些小物件一定十分想看看更加广阔的世界，我帮它们达成了心愿。嗯，这就是旅行，走出去，看看更大的地方，见见更多的人。

　　这时，妈妈突然唱起了歌："欣欣爱动手，就爱掏东西，掏完了东西，还得放回去，我们一起放回去，把东西放回去，我们一起把东西放回去。"歌曲很好听，我情不自禁跟着舞动，但是把东西放回去，我可做不到，它们好不容易出来旅行，我才不放回去。我抱起一卷卫生纸，还拿起一瓶药，把它们送到了更远的客厅。我又拿起眼镜盒，把它放到了窗台上，好让它听到外面小鸟的歌声。妈妈一边跟在我后面收拾抽屉，一边对我说："宝贝，小物件们出来玩了一会儿了，是不是该回家了啊？要是一会儿找不到自己的家，它们在哪里睡觉啊？总不能睡到大街上吧。"哦，大家都要回家的！我无论去哪里旅行，最后都要回到我的小卧室，抱着妈妈才能入睡。我明白了，小物件们也得回家。可是现在我想让它们再玩会儿，它们好不容易才出来的。我指着外边对妈妈说："出出，出出。"然后将剩下的小物件都放到了不同的地方。卫生纸来到了爷爷奶奶的房间，钥匙出现在了卫生间的水池旁边。这样，卫生纸就能听到爷爷咿咿呀呀的唱戏声了，钥匙也能听到水龙头哗啦哗啦的流水声了。它们哪里见过这么精彩的世界，那个抽屉多沉闷呀！我看到卫生纸拖着长长的尾巴，悠闲地躺在爷爷的大床上，尾巴随着戏曲的节奏来回飘荡，连我都忍不住坐在旁边听了一会儿戏。而钥匙则按捺不住喜悦，直接跳到了水池子里洗澡。

在我到处解救玩具的时候，妈妈默默地收拾着散乱的抽屉，等到她收拾完了一个抽屉，才对忙碌的我说："哎呀，这两个大抽屉好空，好寂寞啊！抽屉一直问我，它的孩子们呢？怎么还没有回家？如果它们玩够了就让它们赶紧回来吧。"我跑过去一看，可不，除了妈妈收拾完的那个抽屉，剩下的两个抽屉都空空的。我从来没有看过这么空的抽屉，突然有一种说不出的感觉。奶奶跟我说过，爸爸妈妈都上班了以后，房间里空空的，她就会觉得很寂寞，盼着孩子们早点下班回家。这些抽屉是不是也跟奶奶一样，感到寂寞啊？

妈妈问我："宝贝，那些小家伙是不是玩够了啊？玩够了得帮它们回到自己的家啊。"我也要像妈妈一样帮助这些小物件回家。我拿起一卷卫生纸，放到一个抽屉里，又拿起一本书放在了卫生纸的旁边。这卷卫生纸原来和钥匙是邻居，但是它现在乖乖地站在书的旁边，似乎并不反感和书做邻居。我又把眼镜盒和另一本书放到了另外一个抽屉里。原来和妈妈一起帮助小东西回家，也是一件很有成就感的事情。收拾完后，妈妈看着我，先是竖起大拇指给我点赞，又略微有些严肃地告诉我："宝贝，以后不能随便让小东西离开家了，那些住在玩具箱里的小玩具才更喜欢旅行呢。"

是呀，还有我的玩具箱呢！那么多玩具，都从来没有出去旅行过呢！吃完早饭，我就来找玩具箱了。装弹力球的箱子首先映入我的眼帘。这个箱子很小，我自己就可以端起来。一想到要解救弹力球，我的心情就无比激动。刚打开盖子，弹力球就一个个跳了出来。它们看起来比我还激动，在地上蹦蹦跳跳，滚得到处都是，有的跳到了床底下，有的蹦到了桌子上面，还有一个竟然直接蹿到了卫生间里。我跑过去的时候，它正躺在浴缸里面洗澡呢。

我又找到了一个装小车的玩具箱，哗地往下一倒，小车都出来了，跑得一个比一个快。小汽车跑到了沙发底下；小火车很长，跑得太着急，被桌子腿卡住了；消防车更是摔了一个大跟头，这可怎么去救火啊！还有最笨的自行车，走了两下就不动了。"别着急啊，我来帮你们。"这么想着，我赶快过去一个一个解救它们。

看着玩具们愉快地旅行，我比自己旅行都开心，撅着小屁股追着玩具跑，一不小心撞到了头。妈妈闻声赶来，看我头上肿起来一个包，她帮我冷敷了一下，又提醒我，在旅行途中一定要注意安全。

小车和小球玩得很尽兴，但是小积木呢？它们不会滚，也没有轮子，就算我把它们解救出来，它们也只能呆呆地躺在地上，真可怜。对了，奶奶不是要带我去户外玩耍吗？我可以把积木带到户外去旅行。这个主意让我很兴奋，奶奶说带一大箱积木有点难，但是在我的坚持下，奶奶还是同意带一小盒积木出去旅行。

我笑眯眯地看着小盒子里五颜六色的积木，它们随着我的步伐在盒子里颠来跑去，颜色好像变得更鲜艳了。刚走到草坪上，我就听到一阵"哗啦哗啦"的声音，原来是一个奶奶把从家里拿的一盒玩具倒在了垫子上面，一个毛绒小熊被甩到了很远的地方。我被玩具散落的声音和姿态吸引了，尤其是它们发出的"哗啦哗啦"的声音非常动听。奶奶把我从小推车里抱出来，我赶忙跑了过去，捡起毛绒小熊就往盒子里放。那个奶奶直夸我："好棒呀，这么小就知道帮助奶奶收拾玩具了。"听到夸奖，我非常开心，不能让玩具找不到自己的家啊。大家正夸我呢，我又把盒子里的玩具都倒了出来。奶奶说我又开始捣乱了，忙把我拉开，让我玩自己的玩具。

我想到了我的小积木盒子，得赶紧把积木从盒子里解救

出来。在我的帮助下，它们迫不及待地冲向地面，有的积木还轻快地跳了起来。小朋友们都围了过来，有的抓起一块爱不释手，有的还放到了自己的玩具盒子里。小积木得到了很多小朋友的喜爱和赞叹，我心里也很开心。

晚上吃饭的时候，我想知道米饭是不是也想从碗里出来看一看、玩一玩，于是毫不犹豫地就把饭菜抓了出来。妈妈有些严厉地批评了我，告诉我饭菜和玩具不一样，它们可一点都不喜欢旅行。过了一会儿，一阵"叮咚叮咚"的声音吸引了我，原来是妈妈在倒水。晶莹剔透的水流进了玻璃杯里，哦，水的旅行看起来自由自在。趁妈妈去客厅了，我挪动身体，用手推倒了那个水杯，一股清澈的水流顺着杯壁流了出去。听着"叮叮咚咚"的声音，我感觉很满足……妈妈回来后，看着满地的水，皱起了眉头，她严肃地告诉我："这是喝的水，不能浪费！这些坐上杯子列车的水，它们只想到我们的嘴巴里旅行，帮我们解渴。可不能辜负它们的一片好意啊！"我有些委屈地看着妈妈，妈妈似乎明白了我的意思，说吃完饭带我去玩水。

饭后，妈妈准备了一大盆水，给我套上袖套，让我尽情地玩水。我捧起一捧水就往水盆外面泼，水流一碰到地面，就变了样子，成了一摊水，我找不到它们了，难过得要哭起来了。妈妈说："宝贝，我来帮你，我们一起让水旅行。"说着，她就去取了几个神奇的玩意，有小碗、水盆、玻璃瓶、小漏斗等。妈妈先是用小碗盛了水，然后将碗里的水缓缓地倒入一个圆形的盆里，水欢快地唱着歌，从一个小屋子进入一个大屋子，一定感觉很新鲜，水的"脸上"都冒了开心的小泡泡。我也学着妈妈的样子，先是用小碗盛了半碗水，又将水倒在大盆里，水流发出"叮咚叮咚"的声音，好听极了！我又将一个小杯子放在水盆里，小杯子先是漂浮着，不一会就咕咚喝了一口水沉到了水底。我将小杯子取出来，里边还有一点点水，我把里面的水缓缓地向碗里倒，水滴答滴答地铺满了碗底。

水的旅行和玩具、小物件的旅行都不一样，它们在旅行中能渐渐变多，也能渐渐变少，并且它们的行动自由而流畅，不受任何阻碍。无论它们乘坐什么样的交通工具，都是那么满足和舒适，仿佛在说，旅行就应该像我们一样，轻松而闲适，自由而知足。

最近几天，家里的容器几乎都被我倒空了，所有的玩具和小物件都出去旅行了一遍。我一直在寻找，家里还有哪些箱子没被我倒空过，还有哪些东西一次都没有出来过。当然，它们的旅行也给全家人带来了"惊喜"，奶奶在穿衣服的时候，找到了爷爷"藏在衣柜里看风景"的老花镜；爸爸在自己的手提包里，发现了妈妈要"跟着他去上班"的口红；妈妈在给我找尿不湿的时候，捉到了爸爸"逃避劳动"的钢笔……尽管每次旅行结束后，我都在妈妈的帮助下让它们回家，但还是有一些不想回家的调皮的小家伙们被我安排到了更加新奇的地方。我也逐渐明白，不论旅行多么愉快，最后我们还是要回家的，毕竟家是旅行的第一站，也是旅行的最后一站，尤其是家里有期待你回去的家人。

给爸爸妈妈的话

一眨眼宝宝已经 15 个月了，他们不仅能稳当地行走，有的宝宝还能扶着墙抬起一只脚，还有的宝宝在走路时能够跑动。此时，宝宝上肢力量也进一步增强，手眼更加协调，能够将一块积木搭在另外一块积木上面。宝宝从盒子里拿出来东西知道放回去。还有的宝宝在吃饭的时候，能自己拿起小勺子试着喂到嘴巴里。他们对这个世界的体验更加丰富，探索的欲望越发强烈。

一、理解宝宝"捣乱"行为背后的原因

（一）体验"装满"与"倒空"

12 个月的宝宝通过扔东西来探索空间，而 14~15 个月的宝宝已经对空间的"高度"积累了相当多的经验，此时他们对空间的"深度"有着更浓厚的兴趣。因此这个月龄的宝宝特别喜欢将物品从箱子里倒出来，再装进去，家长要注意，他们这不是在捣乱，而是在一次次重复"倒空"和"装满"的体验中探索"空间"和"深度"的概念，同时也在发展自己对外界事物的掌控感。很多宝宝只喜欢倒空，不喜欢装满，或者在装满的过程中缺乏耐心，毕竟"倒空"比起"装满"更加容易一些，这需要父母多加引导。父母可以亲身示范，并辅以生动的儿歌，引导宝宝把东西放回原处；还可以在家里开辟专门的区域，投放不易损坏的玩具，让宝宝随时充分体验。

（二）孩子的"捣乱"行为意味着更广泛意义的探索

此时大部分宝宝已经开始独立走路，正式进入了学步阶段。由于下肢力量增强，这个阶段的宝宝除了走路以外，还会开始更为广泛的探索。

对空间的探索：从 7 个月以后，婴儿有了对空间的感知；到了 1 岁以后，

他们对于空间的探索有了更加浓厚的兴趣。如很多孩子喜欢不断地把箱子里的东西掏出来，再放进去，或者将小物品（如小球）放入杯子里，再倒出来或拿出来。这个过程不是宝宝在故意捣乱，而是这样做，宝宝会对"满"和"空"有更加直观的概念。

对因果关系的探索：很多宝宝会一次次把东西扔到地下，再捡起来。通过这样的行为，他们除了探索空间以外，也在了解事物的因果关系。正是由于自己扔了一个东西，地上才发出了响声，于是自己就再扔一次，不断验证。这个时期的宝宝处于感知行动思维阶段，在不断的感知和行动中，他们的思维能力才获得发展。

二、关注饮食习惯的培养

（一）营养均衡，不挑食不偏食

宝宝一般不会去吃自己从来没有吃过的食物，因此在爸爸妈妈给宝宝提供的膳食中，要尽量做到营养均衡。当然每个宝宝都有自己的饮食偏好，例如有的宝宝不喜欢吃蔬菜，有的宝宝不爱吃肉，可以先顺应与尊重宝宝的饮食偏好，暂时不提供他们不喜欢的事物，让宝宝爱上吃饭，后面再尝试改变食物的做法和口味，让宝宝逐渐接受。例如有的宝宝不愿意吃蔬菜，可以尝试将蔬菜榨成汁和面做蔬菜面条或者饺子皮。

（二）添加辅食要及时，并按照饮食规律

按照宝宝饮食规律及时添加辅食，遵循从软到硬、从流食到泥状再到颗粒状和固体状食物的规律。如果添加辅食不及时，就可能影响到宝宝的咀嚼和吞咽能力发展，宝宝可能会出现挑食和不爱吃饭的情况。爸爸妈妈要观察宝宝吃饭时候的吞咽和咀嚼情况，不要着急，循序渐进，多鼓励和夸奖宝宝，不催促宝宝吃饭，让他们在愉快放松的氛围中进食。遇到宝宝不爱吃饭的情况，家长也不要灰心和轻易放弃，而是及时更换食物，改变一下食物的做法。

三、正面引导而非惩罚

正面引导是和惩罚相对应的教育方式，即以积极的、鼓励的方法来影响孩子，尤其是在孩子犯错误，或者做事情没有达到成人的预期的时候，运用非惩罚、非暴力、正向积极的方式来引导孩子。

15个月的宝宝会对周围的事物充满好奇，而他们的行为控制能力、语言表达能力还正在发展中，所以他们想把事情做好，但往往会事与愿违。这个时候，爸爸妈妈如果能用正面引导的方式对宝宝积极引导，不仅能保护宝宝探索的欲望，也能逐步引导宝宝形成正确的价值观，养成良好的习惯。比如，宝宝想去拿果汁，不小心弄洒了，或许是宝宝对"倒果汁"这个动作感兴趣，所以不要立即呵斥宝宝，或者生气地将果汁拿走，可以拿来一块抹布，温和地对宝宝说："我们一起来擦干净吧。"还可以拿一个小杯子和少量的水，给宝宝穿上罩衣，让宝宝去特定的区域（如水池旁、卫生间等地方）玩倒水的游戏，满足他们实现这个动作的愿望；并且告诉宝宝，以后想倒水，就需要穿罩衣来这个区域玩耍。

再比如，宝宝将玩具狠狠地摔在地上，爸爸妈妈不要立马很严厉地去批评宝宝，可以拿起玩具，轻轻地放在地上，一边放一边说"我们轻轻地放玩具"，强调"轻轻"这样的动作。如果宝宝还摔玩具，就暂时将玩具拿走，告诉宝宝："下次你能够轻轻地放玩具的时候，我们再继续玩这个玩具。"

正面引导强调的，是父母在遇到宝宝"捣乱"的时候，能冷静地分析宝宝行为背后的原因，不过分强调宝宝的错误，示范和强化正确的行为。最重要的是尊重宝宝，帮助他们来学习什么是恰当的行为。

第四章　受伤也不可怕

（16 个月）

我已经 16 个月了，好奇心越来越强，能力也越来越强。有一天，我爬到桌子上，拿到了爸爸的口琴，还学着爸爸的样子，把口琴放到嘴边，噘起小嘴使劲儿一吹，没想到发出了“嘟嘟嘟”的声音，把我吓了一跳。一不留神，我没有保持住平衡，脑袋一下子就磕到了桌子上。

突如其来的磕碰不仅给我带来了疼痛，还带来了惊吓，我感觉到自己的心脏在怦怦跳动，似乎要跳出我的身体。这是从来没有过的感觉，我吓坏了，开始大哭起来。奶奶赶紧跑过来抱起我，一边哄我，一边心疼地说：“这个坏桌子，把我的宝贝都给磕疼了。”奶奶还不停地问我哪里疼，头晕不晕……奶奶这一问，我感觉到事情很严重，心里更害怕了。爷爷过来了，说：“孩子磕到是常事，自己没有注意磕了，怎么能怪桌子呢？”爷爷平静的语气让我莫名地安下心来，但是我又觉得爷爷似乎在责怪我，我只是想拿口琴，于是我委屈地看着爷爷。

爷爷拿来了家里常备的医药箱，找到碘伏帮我消毒，奶奶又用毛巾包着冰袋帮我敷着伤处，冰袋凉凉的，减轻了我额头的疼痛。我的哭声逐渐平息，也感觉到心跳得不那么厉害了。爷爷拿起口琴吹了一首爸爸不会吹的曲子。我也想试试，爷爷告诉我，不要那么用力，可以轻轻地吹，还可以先挨着上面的洞洞吹过去。我试了一下，果然比刚才的声音好听。

我忘记了疼痛，自己玩了会儿口琴，爷爷这时说："宝贝能爬上桌子，还拿到了口琴，很厉害。"爷爷一夸我，我觉得刚才的委屈立刻云消雾散了。他又说："但是蹲在桌子上吹口琴就不对了，因为身体很难保持平衡，所以下次要想爬到桌子上拿东西，一定要选有大人在的时候。这次还算幸运，只是把额头磕肿了，严重的话，小脑袋会磕笨的。"我不要变笨，使劲儿点了点头。

不一会儿，爷爷奶奶说要带我出去玩，我太开心了。我摸一摸自己的脑袋，还有一丝丝疼，奶奶说不要紧，只要我不头晕也不吐，就不会有大事。说完奶奶就去卫生间了，爷爷在换衣服。趁着他们还在忙，我跑到客厅的镜子前看自己的脑袋，发现脑袋上鼓了一个大包，有点滑稽。不过刚才奶奶说，过几天我额头上的大包就会消失了。

此时，客厅桌子上的"怕怕"里响起了音乐，这个"怕怕"就是奶奶的手机。有一次我不小心触到了奶奶的手机，手机猛然响起来，把我吓了一跳，从此，我就把这个小玩意儿叫作"怕怕"。"怕怕"响了，可能是有人给奶奶打电话了。我拿起来，学着奶奶的样子按了一下按钮，电话接通了，里面还有人说话呢。我兴奋地拿起"怕怕"就要去卫生间找奶奶，我跑了起来，"扑通"，我摔倒了，脑袋又磕到了茶几上。

爷爷奶奶闻声而来，此时我的额头已经没有知觉了。"啊，宝贝流血了！"我听到了奶奶惊呼的声音，额头逐渐感觉到疼痛，还有鲜红的液体流下来，那是我的血吗？我记得电视里人快要死掉的时候都会流血，天哪，这回我一定会死的！我哭得比刚才更加厉害了。我又感受到了自己剧烈的心跳，甚至觉得呼吸急促。我死死地抓住奶奶的手，我不想死，刚说好要出去玩，我怎么就要死了呢？

奶奶一边责备爷爷没有看好我，一边埋怨自己："哎，我真是糊涂了，今天让孩子磕了两回，我应该等你换好衣服再去卫生间。人老了，真是不中用了。"爷爷还是那么平静："流点血怕什么，哪个孩子还不磕两下，不受伤怎么长大呢。赶紧先止血。"爷爷又拿出那个医药箱，找出纱布按在我的额头上；等到额头不流血了，他又在我的伤口四周涂了一些凉凉的药，然后用白纱布为我包扎了起来。奇怪的是，爷爷这回没有责备我。

他看着我说："嗯，真勇敢，你都没怎么哭，而且，爷爷知道你是怕奶奶接不到电话才跑去找奶奶的，对不对？"爷爷

是在表扬我呢。对啊，我都能接通电话了，好自豪。带着满心的自豪，我牵着爷爷奶奶的手，蹦蹦跳跳地走到了小区里。很多邻居和我们打招呼，也发现了我今天的不同。爷爷奶奶不止一回地解释我受伤的原因，还特意强调我是"因为帮奶奶接电话才磕到了，而且就哭了一下"。每当这时，我就自豪地指着额头上的纱布。

晚上，爸爸妈妈回来了，我赶紧跑到他们跟前，自豪地指着我的额头让他们看。不出所料，他们很惊讶。奶奶说："这孩子，今天受伤好几回了，我和爷爷没有看好孩子啊。"爷爷也检讨了自己："都怪我换衣服的时候，没有看好孩子。"只听妈妈笑了："这宝贝够调皮的啊。再说了，这哪里能怪你们呢，哪个孩子不摔跤呢。"知道事情的经过后，爸爸妈妈都夸爷爷处理得好，还安慰奶奶："孩子磕磕碰碰在所难免，我们都是这样长大的，您别自责了！"

几天后，我的纱布就拆掉了，光滑的额头上，只留下一道浅浅的印痕。爷爷说，这是我勇敢的勋章。那几天每次出去，我都要自豪地给大家指指我的"勋章"，但是奶奶说，这道印痕很快就会不见的。想到这里，我心里竟莫名地生出一丝淡淡的失落。

给爸爸妈妈的话

16个月大时，宝宝对周围人的交谈会非常感兴趣，这也是他们学习语言的良好途径。如果大人在交谈，他们会兴致勃勃地伸着小脖子去倾听，观察大人的表情，甚至在大人欢笑的时候，也情不自禁地微笑。这说明他们的语言理解能力有了显著提升。有的宝宝能从站立到蹲下，再熟练地站起来，因此他们能够做更多的事情了，尤其是看到大人干活，他们就会去模仿。他们似乎变成了小小搬运工，总是喜欢去搬运大的物体，例如家里的纸盒子、水盆等。宝宝还愿意捡起掉落在地上的物品。他们也对爸爸妈妈日常使用的生活用品很感兴趣，比如会反复拉妈妈包上的拉链。他们有了更多想法，因此爸爸妈妈要开始将他们看作一个"大孩子"了。

一、关注宝宝意志品质的培养

（一）如何正确面对宝宝受伤

宝宝学步的时候最容易受伤。随着运动和思维能力的发展，他们对周围事物探索的欲望更加强烈，几乎一刻不停地爬上爬下，摸索个不停，所以难免会磕磕碰碰。下列这些做法可以帮助父母应对这一情况：

1.将药品、电器等危险品放在孩子够不到的地方

药品、刀具、电器等各种危险物品要放在孩子够不到的地方。由于孩子能够踩着凳子爬上爬下，因此在高处也避免存放此类物品，应放在专门的房间或者柜子里。

2.家庭地面、桌子尽量铺设软垫或进行软包处理

宝宝在学习走路的过程中，运动能力逐渐增强，磕碰也随之而来，因此

家里地面要铺设软垫，桌面、桌角要有软包等措施，做好家庭中的意外伤害预防，避免宝宝摔倒后被硬物伤害。

3. 父母要冷静面对孩子受伤

在成长的过程中，孩子受伤是很常见的事情。除了家中常备急救箱外，父母要掌握常见的儿童受伤处理方法。在孩子受伤后，要第一时间处理伤口，同时保持冷静。如果父母惊慌失措，无疑将在心理上给孩子增加更多的负担和焦虑。父母冷静的态度来源于日常的预防与急救知识的储备，也来源于对孩子的信任。父母要相信孩子是坚强的，能勇敢面对受伤。

父母还要在孩子受伤时及时安慰和爱抚他们，特别是不能一味要求男孩子必须坚强，不能哭，而应站在孩子的角度与他们共情，理解他们受伤的疼痛，安抚他们的情绪，鼓励、肯定他们以勇敢的态度面对受伤。这样他们会更容易形成冷静、勇敢的性格。

（二）培养独立性和自信心

1. 在确保安全的情况下多放手

宝宝如果想探索世界，就一定会去经历未知的事物，也一定会经历挑战，甚至有不安全因素，比如宝宝想学会跑，就可能会摔倒受伤。因此，一方面需要让宝宝去经历，另一方面也要提前了解如何应对安全隐患。

1岁多的宝宝自我保护能力和意识都在发展中，爸爸妈妈带着宝宝玩耍的时候，需要尽可能保护宝宝的安全，但是也可以一定程度上放手。在这一过程中，也许宝宝会经历一点点小挫折，比如伸手去摸烫的杯子，会因为被烫到而大哭。但是正是这种受伤的经历，才让宝宝积累了自我保护的经验，下一次看到烫的杯子，他们就不会去摸了。

放手还意味着，让宝宝去做力所能及的事情。不要小看1岁多的宝宝，他们能帮大人拿东西，能自己尝试着拿着小勺子吃饭，这些小事都在锻炼他们自我照顾的能力。自理能力强的孩子对于周围环境更能体会到掌控感，也更容易变得自信。

2.欣赏宝宝独有的特点

1岁多的宝宝已经表现出了个体差异，有的宝宝走路早，下肢力量强，有的宝宝小手灵活，有的宝宝很早就能说会道，有的宝宝情绪稳定，有的宝宝能吃能睡身体倍儿棒，还有的宝宝从小就会察言观色……总之，宝宝各有特点，也各有各的发展节奏。因此爸爸妈妈不要总是拿自己宝宝的缺点和其他宝宝的优点比较，而是多看到孩子的闪光点，发自内心地去欣赏和称赞，耐心地等待宝宝成长。

此时，宝宝已经能够听懂爸爸妈妈的赞扬了，也能感受到爸爸妈妈的焦虑。因此，如果宝宝这个时候说话还很少，或者走路还不稳当，爸爸妈妈要理解每个宝宝的不同方面的发展速度都不尽相同，只要多陪伴他们，多和他们交流，多带他们出去走路、玩耍，宝宝自然会在这方面有更好的发展。宝宝的自信心首先来自爸爸妈妈由衷的欣赏和肯定。

二、"大心脏"养成情绪稳定的宝宝

（一）面对宝宝的情绪，父母先冷静

宝宝在这个时候已经有了自己的脾气，还会在不如意的时候闹脾气，比如爸爸妈妈没有满足他们的要求，他们会哭闹、大喊大叫，或者躺在地上。这个时候，我们仍然可以运用"正面引导"的方法，用正向积极而非责怪惩罚的方式来引导他们。

遇到宝宝闹脾气的时候，父母要先保持冷静。保持冷静的前提是意识到宝宝并不是故意的，他们只是由于语言表达能力有限，情绪控制能力弱，才使用哭闹等方法来表达自己的需求和不满。爸爸妈妈情绪稳定，面对问题冷静处理，更容易养成情绪稳定的宝宝。宝宝会观察爸爸妈妈的反应，如果爸爸妈妈呵斥他们，他们可能会因感到害怕而暂时停止自己的哭闹，但是时间久了，呵斥的方法就不管用了，因为他们的需求仍然没有得到满足，问题仍然没有解决。

（二）正面引导比惩罚更有效

前面我们提到过，正面引导能更好地引导宝宝形成正确的价值观。这个年龄段的宝宝还没有形成正确的价值观，他们并不知道自己的行为是对还是错，他们的行为更多是出于本能的反应。

不要对宝宝的情绪置之不理，有的爸爸妈妈认为，"冷处理"就是任由孩子去哭闹，不要去处理，这个认识是不全面的，要分情况。对于两岁以上的宝宝，如果他一直哭闹，可以暂时让宝宝发一会儿脾气，不理他，等到宝宝情绪发泄完之后，再来处理问题。而对于这个年龄的宝宝，如果爸爸妈妈将他们丢在原地走开，他们会以为爸爸妈妈不要自己了。爸爸妈妈还是要去关注宝宝、关心宝宝，可以先抱抱他们，安抚他们的情绪，使之冷静下来。

不要立刻满足要求。对于不合理的需求，如果宝宝一哭闹就予以满足，宝宝就会将哭闹作为手段，认为只要自己这么做，就能得到自己想要的东西，以后也会如此。

转移注意力。这个年龄段的宝宝注意力维持时间还比较短，如果宝宝想要别人的玩具，而其他小朋友不愿意分享，可以吸引宝宝去玩别的玩具，或者用其他新游戏来转移他们的注意力。

安抚情绪，冷静处理。在宝宝哭闹时，爸爸妈妈可以走到宝宝身边，轻抚他的后背，眼睛注视着宝宝，等待他们情绪稳定下来，或者先抱抱他们，让他们觉得爸爸妈妈是想理解他们的。等到宝宝情绪稳定后，要温柔而坚定地对宝宝说："这个事情不可以做，我们去玩其他游戏好吗？"

由于宝宝遇到的情况不同，这些方法可能都不奏效，这个时候爸爸妈妈也不要着急，只要把握这些原则就可以，即对宝宝的要求表示理解，不呵斥和惩罚他们，温柔而坚定地表明自己的原则，给宝宝提供其他好玩的玩具或者游戏以转移他们的注意力，帮助宝宝用语言表达出自己的需求等。

第五章　我把世界画下来

（17 个月）

又到了初春时节，窗外聚集了越来越多的小鸟，除了熟悉的喜鹊，还有布谷鸟，它们正不断地用婉转的歌声向我传递着春天的气息。

昨天，奶奶带我去隔壁小区的姐姐家玩。走出我们小区，我看到弯弯曲曲的小路旁边，泛黄的草丛中冒出了星星点点的绿色；从树梢中拂过的风变得温柔起来；蔚蓝的天空就像一幅水彩画，浓郁而明亮的蓝色天空上点缀着洁白的云朵；云朵被暖风一吹，就往远处轻轻漂浮，仿佛蔚蓝大海上的白帆。我被这股涌动的春意鼓舞着，蹦蹦跳跳地前行，比奶奶走得都快。

到了小姐姐家门口，小姐姐的奶奶给我开门的时候，我一眼就认出了奶奶背后的小姐姐。咦，小姐姐和以前不一样了呢，只见她的脸上红一点、绿一朵，难道是草地上的花开到她脸上了？我跟着她进去，发现她家和我家的区别可大了，客厅里铺着几张大大的纸，都快有我的小床大了，旁边是各种各样的画笔、颜料，纸上有各种各样的颜色，小姐姐兴奋地指着纸说："画画，画画。"说完她就不理我了。

我还是第一次见到这么大的纸和这么多的颜料，我用我的小手往颜料上一摸，往纸上一拍，红红的手掌就印在了白纸上，太好玩了。姐姐正在画天空。只见她拿着一个大大的刷子，蘸着蓝色的颜料在纸上刷来刷去，然后天空就在纸上出现了，那些没有涂色的地方就像天空上的白云。我伸手去触摸天空，神奇的是，我红色的小手变成了又绿又青的颜色。奶奶赶紧给我穿上围裙，又给我擦脸上和手上的颜料。

看着天空落在了姐姐的白纸上，我也去找好玩的东西。温暖的春风透过姐姐家的窗户轻抚着我，好惬意呀。我想把风画在纸上，于是拿起蜡笔，一边想着风的样子，一边胡乱涂抹。风来回吹拂，就像长着银色翅膀的仙女小姐姐在飞来飞去。奶奶问我在画什么，我告诉她画的是风。奶奶惊喜地抓住我的小手，赞叹道："多灵巧的小手啊，竟然把风都画下来了。"

我不光要画春风，还要画出整个春天。我挣脱出双手，继续我的"创作"，我的小围裙上、衣服上、裤子上处处春意盎然。但奶奶并没有责怪我，也没有嫌我把衣服弄脏了，回家前还帮小姐姐家清理了被画笔弄脏的地板。回家后，奶奶把我弄脏的衣服和裤子洗得干干净净，还鼓励我有空再去小姐姐家里画画。她在跟妈妈打电话的时候也提到了我画画的事情，两个人在电话里笑了好一会儿。晚上，妈妈带回家一个蓝色的箱子，我猜这个箱子里一定装着神奇的好玩意儿。我想打开看，妈妈有些神秘地告诉我，明天才能给我看。

第二天一早，外面下雨了。我兴奋地趴在窗边，目送妈妈去上班，看雨滴落在树叶上，落在妈妈的伞上。天空灰蒙蒙的，一片混沌，而草地上星星点点的绿色经过雨水的冲刷变得更绿了。我还从草地上发现了一点鹅黄，指着给奶奶看，奶奶说那是野花。

奶奶打开了音乐播放器，动听的音乐在屋子里飘荡，伴随着窗外滴答的雨声，整个屋子有了一种特别的氛围。奶奶跟我说，下雨天就不出去玩了，这让我有点沮丧。奶奶见状，拿出了妈妈昨天带回家的那个蓝色箱子，我迫不及待地来到奶奶身边。原来，箱子里面静静地躺着好多盒画笔，有水彩笔、蜡笔、马克笔，还有一些我以前没有见过的画笔。我拿起绿色的蜡笔，往白纸上一点，一个鲜艳的绿点点就出现了，这不就是我刚才看到的草地吗！我又接着点出一串串碧绿醒目的绿点点，白纸上很快就长出了一大片绿草地。我又拿起一支黄色的马克笔，很快，绿色点点旁边出现了一串黄色的点点。随后，我又拿起其他颜色的蜡笔在纸张上涂抹。很快，纸上相继出现了红色的点点、蓝色的点点，还有绿色的道道，以及黄色的曲线。我仿佛走进了色彩斑斓的春天，那条绿色的道道就是公园里的林荫小道，而红色与蓝色的点点是绽开的艳丽花朵，金黄

色的太阳高高地悬在天空中，照耀着公园里的一草一木……我还画了一条很长的线，奶奶问这条线是什么，我自豪地指指我自己。在我的脑海里，我长得快和太阳一样高了，我从草地上蹦起来，飞到了空中，小手已经摸到了太阳。

我还想试试其他画笔。奶奶拿出一管黄色的黏稠的东西，挤在一个盖子上，我拿手指试着蘸了蘸，这不是妈妈的抹脸油吗？我拿起来就要往脸上抹，奶奶赶紧拉开我的手，告诉我："这是手指颜料，宝贝，不能往脸上抹。"奶奶用手指蘸了些颜料在大白纸上来回涂抹，不一会儿，白纸上就出现了一个棕色的大圆点，这应该是我吃的饼干吧？奶奶又拿出红色的颜料和黑色的蜡笔，在纸上来回涂抹着，不一会儿就变出了一个小草莓，看得我口水都要流下来了。不知道我能变出什么？我的指头蘸了颜料，一会儿竖着涂，一会儿横着抹，一会儿还转着画圈圈。当我的手指在画纸上来回点的时候，神奇的事情出现了：一个黄色的点点盖住了一个蓝色的点点，变出了一个绿色的点点；一个红色的点点盖住了一个蓝色的点点，变出了一个紫色的点点；一个黄色的点点盖在一个红色的点点上，变出了一个橘黄色的点点。我干脆把所有的颜色都涂抹在一个点点上，最后变出一种接近于黑色的点点。

玩了好一会儿，奶奶把我拉到镜子前照了照，一个"小花猫"出现在镜子中，鼻子上有黑点，嘴巴旁边是五颜六色的颜料……样子实在太滑稽了。奶奶哈哈地笑着，我也咯咯地笑着，我用手摸了摸镜子里的"小花猫"。"小花猫"不见了，厚厚的颜料遮住了镜子，我什么也看不见了。急得我拼命在镜子上撕扯，可是什么也撕不下来。奶奶走过来，用湿巾在镜子上擦了擦，"小花猫"又出现了。我惊呆了，这颜料太神奇了。

我继续在镜子上涂抹颜料，"小花猫"又不见了。我仿佛变成了一个魔法师，一个可以让事物消失的大魔法师。我兴奋地挥舞着涂满颜料的双手，奔向客厅，我要让客厅里的东西也变没……幸好奶奶眼疾手快，拦住了奔向墙壁的我。奶奶将一张大白纸贴到了墙上，让我尽情地在上面涂鸦。

我的"涂鸦墙"就这样诞生了。一上午，我用蜡笔、水彩笔、手指颜料和普通颜料，在大大的涂鸦墙上留下了各种各样的痕迹：大小不一的点点、粗细不同的线条……对啦，我的手印也可以留在白纸上，我先是将一个手指印上去，后来干脆将整个手掌"啪"地贴在墙上。哇，我的小手掌变成了绿色，一个绿色的小手掌印就这样留在了墙上！

奶奶也加入了我的创作行列，这可真是太好玩了。奶奶的手掌是黄色的、大大的，我的手掌是绿色的、小小的，我的小手掌依偎在奶奶的大手掌旁边，就像大大的花朵和小小的叶片。奶奶还拿来了一个瓶盖、一块海绵和一个白菜根。她用白菜根蘸着颜料，竟然在涂鸦墙上变出了一朵玫瑰花；她在海绵上抹上不同颜色的颜料，变出了美丽的彩虹；接着她又变出了很多泡泡。奶奶兴奋地一边玩一边说："这可太好玩了，我小时候可没有玩过这么有意思的颜料。"她玩得比我还开心，都顾不上管我了。我也想变出泡泡，于是拿起一个瓶盖蘸了颜料往墙上按，但是我的力气太小了，只变出了半个泡泡。这时，天气也放晴了，在阳光的照耀下，我变出来的泡泡似乎也在发着光。

雨过天晴，吃过中午饭，我迫不及待地和奶奶出去遛弯了。

此时的天空碧蓝如洗，没有一丝云彩，太阳暖暖地照着大地。我发现，我们在纸上画的画都来到了草地上。你看，草地上的野花变多了，一点点鹅黄变成了一小片鹅黄，远处的迎春花也露出了花苞。奶奶还带我去了小区里的花坛，在那里，各种各样的花都冒出了花骨朵儿，紫色的玉兰花、娇嫩的海棠等互相簇拥着。一抬头，洁白的樱花也冒出星星点点的小花骨朵儿。我相信这都是我用魔法变出的美景，我好想快快长大，拥有更多改变世界的魔法。

晚上妈妈回来，我拉着她的手，带她欣赏我的作品，从桌子到墙上，还有我的罩衣上，到处是我创作的作品。我还拿出很多颜料，在大白纸上涂抹了很久。我把各种颜料都抹在一起，想要画出紫色的玉兰花、娇嫩的海棠、洁白的樱花等簇拥在一起的样子，但是我画出来的样子和我之前看到的花并不完全一样，妈妈估计没有认出来。我就指指窗户外面，又指指大白纸，妈妈似乎明白了，问我："宝贝是在画外面的春天吗？"

我赶紧点点头，是啊，整个春天都是我从纸上搬出去的，因为我是魔法师。临睡觉的时候，我手里还攥着一管颜料。妈妈说："夜晚降临了，颜料和蜡笔也得睡觉呀。"我让妈妈把蜡笔和颜料放在了我的枕头旁边，这样在梦中我也能继续创作。

给爸爸妈妈的话

　　亲爱的爸爸妈妈，宝宝进入第17个月了。此时他们行走自如，有的宝宝还想倒退着走，或者跑起来。宝宝也进入了语言的爆发期，很多宝宝能说出家中常见物品的名字，并能将名字和物品对应起来。有的宝宝能根据自己的需求和当下事情发展的状态表达自己的想法，尽管句子前后顺序颠倒，但是这些丝毫不能减少他们和成人交流的热切愿望。他们对色彩有天生的偏爱，听到音乐的时候，也愿意安静下来仔细聆听，还有的宝宝会随着欢快的节奏摇动身体。他们不仅能认识更多物体，还能按照物体的大小和常见的颜色进行简单的分类。

一、宝宝为什么喜欢涂鸦？

（一）了解宝宝的涂鸦发展阶段

　　17个月的宝宝进入拿笔涂鸦（看似乱涂）的敏感期。由于肌肉的发展有一个过程，这个阶段宝宝的手腕灵活度不足，通常使用手臂来控制笔。

　　在宝宝的成长过程中，他们的涂鸦行为会经历不同的阶段。17~24个月为涂鸦阶段的初期。这时，宝宝开始尝试画线条，这些线条可能会显得毫无规律，杂乱无章。他们起初会用手掌握笔，无意识地乱画。随着时间的推移，控制笔的能力越来越强后，宝宝涂鸦时不再是无意识的，他们逐渐可以画横向及竖向的线条。宝宝此阶段可能会非常喜欢用笔戳点点，或者对油画棒的包装纸感兴趣，这是宝宝对周围事物充满好奇的正常表现，作为家长，请不要指责批评宝宝。

　　24~36个月，随着宝宝手臂和手腕肌肉的发展，他们逐渐能够有意识地控制笔的走向，可以自如停笔，画出圆形等。同时，宝宝对颜色的辨别能力也逐渐提高，可以说出颜色的名称，这时可以让他们自由使用颜料进行创作。可以让宝宝接触手指颜料，在喜欢的地方涂色，随意玩颜料创作。宝宝可能会喜欢在一个地方反复用颜料涂色，甚至把纸画透，这是宝宝探索颜料的正常方式，家长要给宝宝提供足够的纸张、颜料等。（此时宝宝已度过口欲期，一般不再经常把颜料放入口中。）

36个月后，宝宝开始尝试画不规则的图形，甚至可以画出一些自己感兴趣的事物，如动物、车等，但是他们的方向感和对内外关系的认知等还没有建立起来，如在画人时可能会把眼睛竖着排列，爸爸妈妈可以引导宝宝多加观察。

（二）为什么宝宝喜欢在床单、沙发、桌面上画画？

宝宝正处于好奇和探索的阶段，这包括他们对床单、沙发和桌面等各种事物的好奇。当宝宝用画笔与不同的物质接触时，会产生不同的笔触和感觉，宝宝此阶段就是通过不断尝试和重复来学习和感受的。

家长可以提供不同种类的纸帮助宝宝探索和学习，例如铜版纸、皱纹纸、瓦楞纸等，使宝宝能够借此体验不同的触感和纹理。这样的经验有助于宝宝更全面地了解世界，并促进他们的感知和认知能力的发展。

（三）怎么教宝宝画画？

为了帮助宝宝更好地画画，建议在这个阶段为他们提供较大的纸张，不要局限于A4纸。同时，不建议让宝宝一开始就在已有的框架内填色，这样做不利于宝宝创造能力的发展。最重要的是，要在宝宝涂鸦时给予陪伴和鼓励，告诉宝宝喜欢怎么画就怎么画，怎么画都好，切忌批评，否则会损害宝宝的自信心哦。

宝宝画画不需要教，也不能教。家长有时会误以为宝宝的画作应该具有明显的形状和较高的相似度，只有这样才是真正的画画。然而，在宝宝0~3岁的阶段，我们应该尊重并遵循他们自身的发展规律，不应该要求他们绘制特定的简单图案，如小兔子、小汽车或轮船等，也不应该根据成人的观点给予他们任何绘画技巧上的指导。一旦引入像与不像的概念，宝宝可能会试图模仿成人的作品，而无法自由表达自己的感受。

此阶段最重要的是保护宝宝的兴趣，培养宝宝画画的能力，而不是追求让他们画出特定的形状或图案。一旦宝宝临摹成人的画，就不能享受自己自由表达的乐趣，无法创造出发自内心的作品。在宝宝画画时，家长需要做的就是安静欣赏，或者在宝宝可以表达的时候问问宝宝画的是什么，然后加以回应，比如："哦，原来你画的是你喜欢的小汽车啊。"这样能够保护宝宝的兴趣和创造力，使他们享受画画的乐趣。

二、开始进行排便训练

（一）尝试脱掉纸尿裤

大多数这个阶段的宝宝还离不开纸尿裤，但是他们已经能听懂大人的话了。有的宝宝在想排便的时候，会用声音、表情、手势等向大人表达，有的宝宝已经能够控制排便了，因此这个阶段可以进行排便训练。

在家中不外出的时候，爸爸妈妈可以尝试先脱掉宝宝的纸尿裤，在家中准备好宝宝专用的坐便盆，或者在卫生间安装儿童马桶，让宝宝逐渐养成去坐便盆或者小马桶排便的习惯。在这个过程中，爸爸妈妈要多观察宝宝的状态，发现宝宝有排便的意向时，就鼓励他们自己去坐便盆或者小马桶那里排便，而不是随意排便。时间久了，宝宝自然就会自主地去固定的地方排便。这个过程中，如果宝宝在有排便意向时，能自主地找到坐便盆或小马桶，就要肯定和表扬宝宝，强化宝宝的这个好习惯。如果宝宝不小心仍然尿湿了裤子、尿在床上或者沙发上，也不要批评宝宝。家长要有耐心，时间久了，宝宝会逐渐形成习惯。

（二）夜间护理

可以先引导宝宝白天使用专用的坐便盆或小马桶，在白天的习惯逐步形成后，再逐渐在晚上让宝宝脱掉纸尿裤。这个时候需要耐心和付出，有的宝宝已经能睡整觉了，就需要在白天多饮水，晚上略减少饮水量。爸爸妈妈根据宝宝的情况来决定夜间是否需要把尿。有的宝宝晚上还要喝一次奶，那么可以在喝奶前先把尿。夜间把尿与否也需要根据宝宝的睡眠情况来判断，有的宝宝会因为把尿而睡不好，如果把尿已经影响到了宝宝的睡眠，可以晚上先给宝宝穿纸尿裤，等到宝宝大一些再进行夜间把尿。

第六章　它们都从天上掉下来了

（18 个月）

　　这个世界上，有那么多美好的事物，最吸引我的是高远深邃的天空，镶嵌在上面的日月星辰、彩霞云朵，无时无刻不在变幻着。雨过天晴的时候，天际悬挂着的彩虹更让人心驰神往。第一次看到彩虹像七彩的小桥挂在湛蓝的天空中，我真想飞起来，一直飞到彩虹的顶端，把彩虹摘下来抱在怀里。还有晚霞，同样让人心醉。妈妈说晚霞是太阳在云彩上画的画。这个我也会，我经常拿着我的画笔画东西，但是夕阳的画笔在哪里呢？夜幕降临的时候，明亮的星星在黑暗的夜空里，就像点缀在黑色绒布上的钻石，美丽动人，又像顽皮的孩子眨着眼睛，和我捉迷藏。

　　今天我又看到"星星"和"彩虹"了，不过，它们不在天上，而是跑到了我家的地板上！吃完早餐，我在玩耍时不经意间发现，地板上有很多"小星星"。我跑过去看这些"小星星"，用我小小的手指头一碾，它们就被我碾碎了，变成了更小的"星星"，还跑到了我的手指上。我用舌头舔了舔手指，想尝尝这些"星星"的味道。嗯，怎么和我刚刚吃过的胡萝卜饼干的味道一模一样？品尝完"星星"，我扭头一看，床边居然出现了几道弯弯的"彩虹"，而且我一把就可以抓住。我把"彩虹"放进嘴里，可这些彩虹不好吃，也咬不动。奶奶发现后严厉地制止了我，原来这是她缝衣服时不小心掉落的线头，不能吃。奶奶要拿走我的"星星"和"彩虹"，这可是我发现的宝贝啊，我不想让奶奶拿走，死死地攥着小手。奶奶从我手里抢过几根"彩虹"，我"哇"地哭出声来，失去它们，我觉得我的世界不完整了。奶奶看我哭得那么伤心，就又把它们还给我了，但是奶奶告诉我这些东西不能放嘴里吃，我点了点头，小心翼翼地将它们放在我的口袋里。一整天我都拿小手捂着口袋，生怕一不小心就掉出一道"彩虹"。

连奶奶带我出去玩的时候，我都用小手捂着我的口袋。忽然，我看到了一片"晚霞"，它安静地躺在那里，在阳光和树影的掩映下，发出淡淡的迷人的红色光芒。我蹲下去把它捡起来举给奶奶看："霞，霞！"奶奶一时没有听懂，说："这是一个红色的小纸片，它有点脏了，上面有很多细菌哦，我们一起把它扔到垃圾箱吧！""不要！"我把小手握得紧紧的，"不要，不要！"这就是妈妈带着我看过的晚霞，是谁把它从天上扯下来，又不小心把它摔成一小块一小块的碎片的？奶奶蹲下

来抱着我说："宝贝，捡的东西上有很多看不到的细菌，细菌会让你肚子疼！""没有！"我将小手藏到背后，这是我好不容易发现的"晚霞"，我才不要扔掉，至于细菌是什么，我才不在意。我很爱惜地将"晚霞"也装进我的口袋里，和"彩虹"放在一起。奶奶只好让我先装起来，回家后先拉着我去洗了手，又用消毒湿巾擦干净了我的"彩虹"和"晚霞"。我怕奶奶把我的宝贝给弄坏了，一直盯着她。奶奶先擦了一根"彩虹"，递给我，我看到彩虹更加漂亮了，这才允许奶奶擦"晚霞"。晚上，妈妈回来了，我赶紧给妈妈看这些宝贝。妈妈也很喜欢，她还找了一个纸盒子，问我可不可以用这个专门放我捡到的宝贝。我同意了，从此不管我去哪里都一定要带着盒子，连睡觉都抱着它。看着"彩虹"和"晚霞"安静地躺在盒子里，形态各异，散发着不同的色彩和光芒，我觉得仿佛拥有了整片天空，很快就心满意足地睡着了。

第二天，在小区的草地上，我竟然又发现了一片小小的"晚霞"。这片晚霞和昨天发现的不一样，它的颜色更加鲜艳，上面还有晶莹的泪珠。它是哭了吗？为什么会哭呢？难道是从天上掉下来，找不到妈妈了吗？它安静地睡在草地上，都没有发现我走近了。奶奶说，这是树上的花瓣，上面是只有在早晨才会出现的露珠。我捡起一片花瓣，小心翼翼地放在手掌中间给奶奶看，但是我不允许奶奶把我的"晚霞"拿走。我把"晚霞"放进我的小口袋里边，用小手紧紧捂着口袋，生怕它掉出来。

再往前走，我突然发现远处有一个发光的东西，比昨天捡到的"星星"更亮。我快步走过去，蹲下身就把它捡起来，奶奶赶忙跟过来，她说："这是块玻璃碴子，很危险！宝宝要是不扔掉，那我们就在这里等着，一直等到宝宝把它扔掉才能走！"我抬头看着奶奶，她是生气了吗？奶奶为什么要生气呢？这不是天上最亮的那颗星星掉落了吗？我才舍不得扔。看着奶奶严肃的神情，我一时觉得很难过，"哇"的一声哭了起来。"不扔，不扔掉……星星，星星。"奶奶继续抱着我说："其他事情奶奶都可以依着你，但是这个小玻璃不行，一定要扔掉，它会割伤你的！"我更加难过了，边哭边说："不要扔掉！"奶奶实在没办法了，又和缓地说："宝贝喜欢小星星是吗？可这个不是小星星，是玻璃，玻璃能把人的手划破，会流血，会疼的。"奶奶又指着远处，说："哇，宝贝你看，旁边的小河里好像也有小星星，我们一起去看看啊。"

果然，在潺潺流淌的小河里，铺满了"星星"。奶奶告诉我，这里的"星星"是捡不起来的，因为它们是阳光照耀在河面上形成的，这些话我似懂非懂，奶奶不知道，但我知道它们就是晚上我看到的星星，正在河里嬉戏呢。这可是我的小秘密，因为来到爸爸妈妈身边之前，我就生活在星星们中间呢。只不过爸爸妈妈一叫我，我就迫不及待地跑向了他们身边。现在看着这些"星星"，我真想回一次星星乐园，和它们一起玩耍。

这个时候，一位漂亮阿姨带着一个胖乎乎的小男孩走了过来，阿姨热情地和我们打招呼："你们在干什么呀？"奶奶说："我家宝宝捡了一路宝贝，你看他的小口袋，都快装不下了，刚才差点捡了一个玻璃碴子……"那是星星，才不是玻璃碴子呢，我大声抗议着："星星，星星。"哼，那就是一颗星星！阿姨看我非常委屈，便从她的包包里掏出奶酪，放到我手里。看见奶酪，我心情稍微好了一点。咦，阿姨包包里竟然有一片洁白而松软的"云朵"！可是云朵不是在天空中吗？怎么会跑到阿姨的包包里？我嘴巴里念叨着"云朵，云朵"。阿姨解释说："哎呀，这不是我缝被子用的棉花吗？怎么跑到我包包里去了！一定是我家宝贝干的，这淘气的孩子！"看我喜欢，阿姨慷慨地把它送给了我。看着从天上掉下来的"云朵"，我有点紧张，双手捧着它，小心翼翼地放到了口袋里，用小手捂住口袋，生怕它又要回到天空中。

口袋里揣着"晚霞"和"云朵"，我哼着儿歌蹦蹦跳跳地回了家。奶奶让我先去洗手，她拿着消毒湿巾给小口袋里的东西"洗洗澡"。现在我的宝贝匣子里面已经有很多宝贝了，除了从天上掉下来的"星星"和"彩虹"，还有下雨后捡到的光滑的石子、散发着香味的松果、不同颜色的花朵和叶子……我把整个花园装在了里面！打开宝贝匣子，我又把今天捡到的"晚霞"与"云朵"放了进去，它们是这个家族的新成员。和"星星""彩虹"一样，它们也是从天上掉下来的。我想，天空那么高，它们一定经历了漫长的旅程，才掉落在花园里。

爸爸下班回来看到宝贝匣子里的新成员，调侃我说："家里多了一个'收集垃圾的小孩'！"妈妈说："才不是呢，我们的宝贝是在收集他自己的'宝贝'呢。"妈妈说得对！傍晚，我抱着小匣子来到阳台上，拿着手里的小"晚霞"，再看看天边的晚霞，心里特别满足。晚上，宝贝匣子里的那个小士兵要睡觉了，他可以躺在轻柔的"云朵"里，"晚霞"正好可以成为他的被子。晚霞和云朵从天上飘下来，是不是就是想和小士兵相遇？

给爸爸妈妈的话

　　宝宝已经1岁半了，已基本脱去了婴儿期的稚气，成了真正意义上的幼儿。他们在大运动、精细动作、语言能力、认知能力、情绪和社会性方面发展迅速。很多宝宝可以熟练地行走和爬台阶，有的宝宝甚至开始尝试跑和跳。他们愿意尝试自己做事情，例如用勺子吃东西、涂鸦、搭积木等。他们对事物的认识更加深入，除了认识常见的物品，还能认识身体部位，指认家庭成员。他们对成人的话理解得更精确，不仅能听懂夸奖，还能理解否定性词语。宝宝的情感更加丰富，但是语言表达和控制能力有限，有时会发脾气扔东西，看到别人伤心难过，他们还会有同情、安慰的反应。

一、对宝宝"特殊爱好"予以支持

　　这个月龄的宝宝会对周围环境中的微小事物充满兴趣，常能捕捉到身边细微的变化，也愿意收集自己发现的细小的物品。从9~10个月开始，随着宝宝手指的分化，他们会喜欢去抠洞洞，这个爱好会一直持续到1岁多。

（一）了解宝宝的细微事物敏感期

　　1. 大部分宝宝在18个月左右进入细微事物敏感期，他们会对孔洞感兴趣，还会对生活中常见的小石子、头发丝、小蚂蚁、瓶子盖等这些细小事物感兴趣。为了帮助宝宝发展，可以买一些适合的小玩具给他们玩，同时注意多加看护，比如不要让他们把手指伸进插座、插排中等。

　　2. 宝宝从9个月起就对小豆子等物品感兴趣了，9~18个月期间，还非常喜欢往嘴里放物品，因为他们正处于口欲期，尝试用嘴巴去学习和认知事物。此时可以让宝宝多用手操作，例如拧瓶盖、串珠子等，发展宝宝的手眼协调能力。当宝宝的动手能力发展得越来越好的时候，就会大大转变用口去品尝和学习的方式了。一定要注意，不要让宝宝误吞小珠子。

（二）宝宝为什么喜欢孔洞？

美国发展心理学家罗伯特·范兹（Robert Fantz）曾经通过实验研究婴儿的视觉偏好。实验的过程就是让宝宝仰卧在观察箱里，实验人员给宝宝不同的视觉刺激，同时观察记录宝宝注视哪些视觉图案的时间更长，以此判断宝宝更喜欢哪些图案。

在实验展示的众多图案中，研究人员发现宝宝最喜欢的是人的面孔，或者是类似面孔的物体。哪怕是刚出生几分钟的新生儿，就已经会用眼睛和头来追随视觉刺激运动，而且表现出对人的面孔的偏爱。这一定程度上表明，宝宝从出生起就对孔洞等感兴趣。随着年龄增长，宝宝动手能力逐渐发展，会自己用手进行探索。

（三）如何满足宝宝发展需求，同时避免伤害

爸爸妈妈可以用安全孔洞玩具满足宝宝的探索欲望。绝对的禁止不等于绝对的安全，如果宝宝喜欢把手指放到细小的孔洞中，建议爸爸妈妈在保证安全的前提下，满足宝宝对孔洞的探索欲望。宝宝展现出对孔洞好奇的时期，也是培养宝宝感受空间能力、培养精细动作发展能力的关键时期。爸爸妈妈可以把握这个机会，为宝宝发展空间能力打下良好的基础。

家长可在陪伴之下鼓励宝宝做多种尝试，在安全的环境下鼓励宝宝去做他想做而不敢做、某些其他宝宝不被允许做的事情，以增加宝宝的自信，帮助宝宝获得勇敢的力量。

二、宝宝的"捣乱"行为变得更"高级"了

（一）推倒积木

此阶段的宝宝除了对孔洞感兴趣以外，还非常喜欢推倒积木，而不是搭高积木。家长将积木搭高后，宝宝会乐于将它推到，因为他们喜欢看积木突

然倒塌散落一地时的场景。他们的"捣乱"行为变得更加"高级"了，这说明他们已经不仅仅通过行为来探索事物之间的关系，还在这个过程中不断重复、观察和演练。这是宝宝探索学习的过程。

爸爸妈妈遇到这种情况，要有耐心，可以用语言和宝宝沟通。比如："宝宝是不是特别好奇积木倒了的样子啊？那我们可以先一起将积木搭起来，看看是搭起来高，还是推倒高？"并求助宝宝一起帮忙搭建积木。如果宝宝总是将大人搭建好的积木弄倒，大人也不要着急，不要强化宝宝这个行为，而是和宝宝再一起搭建，让他们观察积木被推倒前后的高度变化。一般情况下，24个月以后的宝宝就会变得喜欢搭建积木了。

（二）翻各种容器

此时宝宝还喜欢翻各种容器，包括箱子、盒子、妈妈的包、爸爸的抽屉，甚至垃圾桶，这也是出于宝宝的好奇心。宝宝觉得容器里有很多好玩的东西，所以非常喜欢把全部物品从里面倒出来。和以前不同的是，宝宝已经对事物的外部特征有了初步的认识，爸爸妈妈可以借此机会逐步引导宝宝将东西掏出来后，再将东西放回去。告诉宝宝每个物品都有自己的"家"，用完后都要放回去。

等到快两岁时，宝宝对事物的特征有了更深的认识，再引导宝宝将物品分类归位。例如，当宝宝去翻抽屉的时候，爸爸妈妈可以引导宝宝认识抽屉里的物品，有的抽屉是放书的，有的抽屉是放衣物的，用完后，衣物要回到自己的"家"，书也要回到自己的"家"。

（三）玩食物

这个年龄段的宝宝在吃饱饭后会喜欢用手去玩他的食物，例如用手搓、攥食物，家长要明白宝宝这是在感知食物的质地。

他们正处于感知动作思维的阶段，他们对事物的认识最先是通过触觉、嗅觉、听觉等感觉通道习得的，这也是他们学习的主要方式。爸爸妈妈可以给宝宝准备一些面团让他们揉搓，或者让他们自己吃一些固体食物，例如橘子、香蕉等，他们会通过闻气味、看颜色、摸水果皮等来观察感知食物。在这个过程中，宝宝的手眼口协调能力增强，感知觉也得到发展。

　　还有更多促进1岁半宝宝感知觉发展的方法，主要是带着他们去感知更多的事物。比如，春天去触摸小溪的流水，闻一闻花香；夏天去户外看绿叶，听鸟鸣；秋天去观察树叶的变化，摘果子；冬天去摸一摸雪。带着宝宝去玩沙子、玩水，会让他们更开心，这时他们的感知觉也会更敏锐。当然，这些活动都要在保证宝宝安全、健康的情况下进行。

第七章　高高的世界

（19 个月）

　　作为小国王，我有一个庞大的王国，我的房间就是我的宫殿，客厅、卧室、卫生间都是我的领地。而最近，我又发现了一个我可以独自巡视的新领地。妈妈爸爸的大床紧挨着的那面墙上，有一扇大大的窗户。我非常喜欢这扇大窗户，以前妈妈总是抱着我，透过窗户观赏外面的风景。现在我自己可以爬到窗边欣赏外面的景色了。

　　大大的窗户外面是另外一个世界。碧绿的柳枝被微风吹拂着，优雅地跳着舞。草地上不仅有飞舞的蝴蝶，还有摇曳的野花，星星点点地点缀在草丛中。枝头的小鸟叽叽喳喳地向我问好，我含糊地喊着"鸟，鸟"，试图和它们交流。外面的世界真热闹，不像我的宫殿，总是一副老样子。小床安静地躺着，衣柜也默不作声，各种玩偶都沉默不语，就算是会说话的机器小狗，也总是发出同样的叫声，我早就腻了。而窗户外面的世界却充满生机，每阵风带来的花香味也不同，小鸟每天说着不同的话，在天空中自由地飞行。

这个不一样的世界深深地吸引着我。每当我指着窗台，奶奶就会过来抱起我，让我站到窗台上看外面的风景。今天奶奶一大早就在厨房忙活，留我自己在卧室玩玩具，当然她还开着厨房门，可以远远地看着我。看奶奶忙着自己的事，我索性自己爬上床，想到窗台上去看风景。但是怎么上去呢？这还是我第一次自己站到窗台附近。

窗户旁边有一个小沙发，紧紧地挨着窗户，我尝试着先把脚踩到小沙发上，再爬到窗台上，但是我试了好几次都没成功。这时候奶奶进来了，帮我爬上了窗台。我在窗台上缓缓地站了起来，这种感觉太美妙了！我扶着栏杆往窗外看去，外面那个精彩的世界喧闹地显现在我眼前。我感觉自己一下子变高了，个头已经超过了窗外的那棵大树，仿佛一伸手我就能采下天空中的白云。小鸟飞过来，对着我叫个不停，仿佛在说："你什么时候长这么高了啊？！"那些柳树的枝条被风吹来拂去，要是没有窗户挡着就拂到我脸上了，我甚至觉得脸痒了起来……

我想尝试着摆脱奶奶扶着我的手，就扭着屁股说："不要！"奶奶说："宝贝很容易从窗台上摔下来的，我扶着你才更安全啊，奶奶不在身边你可不能自己爬窗台！""啊啊啊啊，啦啦啦……"我嘴里哼着自创的歌曲，小手拍打着窗户，根本听不见奶奶在说什么，我只想看外面的世界。

奶奶虽然感觉有些无可奈何，但还是温柔地把我抱下窗台，然后拿来了一个小娃娃，把它放在窗台上，再把小娃娃从窗台上拨弄下来。我被娃娃掉到地上"噗"的声音吓了一跳，定睛一看，娃娃的胳膊都掉下来了，我赶紧摸了摸我的胳膊。奶奶说："你看，宝贝，小娃娃从窗台上摔下来就会这样，你要是摔下来，该多疼啊。"我似懂非懂地看着娃娃，呜哩哇啦说了一些安慰它的话。

但是即便这样，也仍然无法打消我想探索这个新世界的愿望！

第二天早晨一起床，我就爬上了窗台，不管谁劝我，我都不肯下去。我在这里吃饭和吃水果，风把食物的香味带到了外面，窗外的小鸟聚集得比平时都多，它们肯定羡慕我有这么多好吃的。觉得屋子里热了，我就爬到窗台上用小脸贴着玻璃凉快凉快。我还对着窗户咿咿呀呀地唱起妈妈教我的儿歌，这样声音会变得非常动听，还有回音呢。更重要的是，这样外面的世界也能听到我的歌声，我的歌声能在更大的世界里飘得更远。而且当我唱歌的时候，窗前的柳条都会和着我歌曲的节奏来回摆动，为我伴舞。

奶奶在旁边一直扶着我，有点累了，就对我说："你这么喜欢外面，奶奶带着你出去玩就可以了，不用老是站在这么危险的地方。"奶奶不懂，她带我出去看到的外面的世界，和我在窗台上从高处看到的世界是完全不同的。我从窗台上能看到树干的顶部，能看到小假山的最高处，还能看到窗户外来来往往的人都变成了比我矮的小矮人。在窗台上，云彩离我很近，仿佛我一踮脚就能碰到，如果只是我自己走在外面，哪能碰得到天上的云彩呢。

不过自从"小娃娃"事件发生后，每次站到窗台上我都小心翼翼的，小手一直扶着窗户前的栏杆。作为一个聪明的小国王，我当然知道该怎么做才能安全地看到外面的世界。

爸爸妈妈知道了奶奶的担忧，他们也觉得我总是爬到窗台上不够安全，为了解决这个问题，他们还开了个小型家庭会议。

第二天一大早，爸爸妈妈拿来很多垫子，将垫子摞得高高的，周围还铺了软垫子。这么高的垫子，我根本爬不上去，爸爸抱起我把我放到了垫子最上面。天哪，坐在上面以后，外面的世界更清晰了！高度一点都不亚于站在窗台上面，更重要的是，屋子里的世界也发生了变化，屋子里的物件都变小了。我俯身看着爸爸、妈妈和奶奶，他们都比我矮了很多。开始我还有点害怕，但是不一会儿，妈妈也爬上垫子，坐在了我的旁边，这下我可安心多了。屋子里的东西都仰视着我，应该对我充满了尊重和崇拜。毕竟，哪个小国王能像我一样有这么高的宝座呢？

垫子上下颠伏着，仿佛漂浮在大海中，而我变成了乘坐轮

船出海巡游的小国王了！妈妈之前带我去儿童游泳池玩耍时，曾将我放在一个橡皮小船上面漂浮，第一次漂浮的时候我有点害怕，第二次就觉得特别好玩了。水会推着小船向前走，偶尔还会有溅起的浪花把我推向更远处。这个垫子和小船很像，只不过这次是妈妈在推动"小船"。我感觉客厅的墙和家具都在随着波浪的涌动上下漂浮着，窗户外的小树和假山似乎也在随波漂荡，远处花园里的小花朵也摇着小脑袋向我致意……

　　"坐船"坐久了，我有点晕。奶奶说要带我去户外，我心里也惦记着花园里那些摇着脑袋的小花朵，就同意了。出门一看，花密密麻麻的，花枝也很高大，我根本找不到刚才是哪几朵花在冲我微笑了，我有点沮丧。这时，我看到花园旁边有个小滑梯，赶紧跑了过去。我顺着台阶走上去，站到了滑梯的最高处，这下我终于找到那几朵小花朵了！我觉得紫色的花朵最高，应该是花仙子故事里的花仙子姐姐，矮的那几朵黄色和粉色的花肯定就是花仙子妹妹了，她们簇拥在一起，都微笑着问候我。我从滑梯上滑下来的时候，发现花仙子们的笑脸逐渐被挡住了，慢慢地，我只看得到她们的绿色枝干了。我再次爬到滑梯上时，又见到她们的笑容，似乎在问我："一眨眼的工夫，你跑到哪里去了啊？""我在滑滑梯。你们在和我捉迷藏吗？"我在心里与她们对话。我一边想着，一边不停地滑滑梯，跟她们玩捉迷藏。

　　远处还有一个小小的攀爬架，一些哥哥姐姐们爬得很高。是不是他们在高处，都能看到我发现的那个新世界啊？我也想爬上去。我努力地手脚并用往上爬，奶奶在我身后保护我。爬到一半的时候，我又有了新发现：假山旁边的那条小溪，像一条镶满了钻石和金子的项链，围绕在假山周围。我看得入神了，直到奶奶喊我，我才从上面下来。下来后我马上跑到小溪旁去找那些钻石和金子，但是我只看到了荡漾的水波。太奇怪了，钻石和金子被谁拿走了吗？可是刚才从高处还能看到它们呢？为什么现在世界又变得不一样了呢？于是，我又爬到攀爬架上，哇，那些钻石和金子又出现了！我明白了，从高处能发现其他地方没有的东西呢！

给爸爸妈妈的话

这个月龄的宝宝运动能力更强了，有的宝宝已经会跑了，尽管他们有时候会摔跤，但是如果不是特别疼，他们还能站起来继续往前跑。他们在跑步的过程中，体验到控制自己身体的乐趣。很多宝宝能扶着栏杆上台阶了，还喜欢往高处攀爬。宝宝的上肢力量也更强，能将手中的物品扔出去，尽管扔物品时还没有固定的方向，但是随着年龄增长，他们的大脑神经逐渐发育成熟，肢体控制和手眼协调能力增强，就能逐渐将物品扔到想扔的方向了。宝宝也越来越会照顾自己了，会自己用杯子喝水，吃饭的时候也能尝试自己用勺子吃东西。宝宝的手部精细动作进一步发展，能双手脱袜子，还能尝试拉开衣服上的拉链。

一、宝宝"爬高上低"好处多

宝宝到了 18 个月左右，就到了特别喜欢爬上爬下的阶段了。攀爬是宝宝的天性，在与自然的亲密接触中，他们能更加释放与生俱来的天性。

（一）为何宝宝喜欢攀爬?

从 8 个月开始，宝宝就喜欢攀爬。这是因为爬高能让他们站在更高的地方观察世界，通过攀爬，他们能看到自己喜欢看、想要看的事物。

攀爬是宝宝想要认识世界的一种表现。例如，他们在家总喜欢爬椅子、爬沙发，或者在桌子上爬，家长一般会认为孩子这样很淘气，其实这是他们肢体运动发展表现出的特点。逐渐地，家长就会发现宝宝的胆子越来越大，从需要家长扶着攀爬，发展到自己掌握攀爬的技能，可以独立攀爬，并且宝宝会不厌其烦地反复爬上爬下，直到自己累了才会停止。

（二）了解攀爬的好处

1. 促进宝宝身体协调性的发展。攀爬运动需要全身各部位——手、脚、眼睛、躯干等的协调运作、全面配合才能完成。

2. 发展空间能力。攀爬时的高度变化，可以给宝宝的前庭觉带来不一样的体验和感觉，从而促进宝宝空间感的发展，有助于宝宝今后在新环境中多感官同时处理信息。

（三）促进攀爬能力发展的亲子游戏

1. 带着宝宝上下楼梯。

2. 可以在家里把被子或者靠垫等较软的物品堆叠起来，让宝宝攀爬。

3. 对于胆子小还不敢攀爬的宝宝，家长可以用自己的手臂扶着宝宝腋下将其举高，逐步锻炼宝宝的胆量。

二、宝宝认知能力飞速发展

（一）按照事物的外部特征分类

这个月龄的宝宝已经开始了解物品的外部特征，例如大小、颜色、高矮等。家长可以将生活中常见的物品拿出来，让宝宝通过观察、触摸等方式，了解不同物品的相同点和不同点。可以将具有相同特征的物品放在一起。让宝宝去观察、触摸。例如，吃完饭后，可以告诉宝宝碗口和碗底都是圆圆的，碗和碗可以摞在一起；筷子是长长的，可以放在一起；毛绒玩具摸起来是毛茸茸的，要放在一起；塑料玩具摸起来是光滑的，也可以放在一起。还可以将红色的积木与黄色的积木放在一起，让宝宝去寻找红色的积木。久而久之，宝宝会学会将物品分类。在家里，玩具要按照类别收纳。玩完玩具，让宝宝和自己一起分类归位，这个过程也是宝宝了解不同玩具特征的过程。

（二）学习比较

除了归类，还可以引导教宝宝比较铅笔、瓶子、杯子的高矮、颜色、大小。归纳和比较是认知能力发展的重要标志。刚开始，宝宝只能比较物品的外部特征，即显而易见的、肉眼能看到的特征。等到宝宝接近两岁，他们还能通过事物的内部特征来比较，如比较物品的轻重、粗糙与光滑，直到了解物品不同的功能与用途。

爸爸妈妈开展这样的认知能力游戏，一般每次5～10分钟。需要在宝宝感兴趣的状态下进行，否则就会变成枯燥的训练。当宝宝表示不愿意参与时，家长不要勉强。

三、助力宝宝语言的"爆发"

（一）多和宝宝说完整的简单句

1岁半以后，大部分宝宝在语言发展上都有很大的进步，他们从能说单词到能说简单的句子，尽管这些句子结构很简单，甚至有时候句子顺序颠倒，语法不正确。这样的句子我们称为"电报句"，例如"妈妈来""奶奶给"等。这个时候，爸爸妈妈可以多和宝宝说完整的简单句，向宝宝示范正确的语言，同时不要刻意去纠正宝宝发音或者表达上的错误，多鼓励，多交流，以促进宝宝的语言发展。

（二）利用多种语言材料学习语言

朗朗上口的儿歌对宝宝有很大的吸引力，其句子短小、重复性高、韵律性强，是很好的宝宝学习语言的素材。爸爸妈妈不妨多给宝宝读儿歌，营造良好的语言氛围，让宝宝感受语言的魅力。爸爸妈妈还可以多和宝宝一起读绘本。在读绘本的时候，给宝宝提一些简单的问题，让宝宝试着回答。带宝宝出去的时候，也可以有意识地给宝宝读一读街道上商店的牌子或者交通标识上的字。

（三）"刺激"宝宝多说话

语言是人际交往的重要工具，只有在真实的交往情境下，语言才能发挥作用。因此，爸爸妈妈可以带着宝宝去孩子们聚集的地方玩耍，多引导他们和同龄人在一起。宝宝年龄还小，还不能主动和同龄人交往，一开始爸爸妈妈可以陪着宝宝在旁边玩耍，宝宝看到比自己大的哥哥姐姐玩游戏、互动，就会观察和模仿。时间久了，爸爸妈妈可以再引导、帮助宝宝去和别人交流，表达自己的愿望。如果宝宝想玩其他小朋友的玩具，爸爸妈妈可以带他们去其他小朋友跟前，帮助他们和小朋友商量："你好，我可以玩一下吗？"宝宝看到爸爸妈妈这么说，就能对语言交流有更深的理解，下一次遇到这样的情况，他们会模仿爸爸妈妈的做法。在家庭中，也要多给宝宝表达的机会，家人可以多和他们聊天，多谈论日常生活中刚刚发生或者正在发生的事情。如问问宝宝："出去看到了什么？""今天去商店看到的新玩具是什么颜色的？""邻居家哥哥养的小狗是怎么叫的？"无论宝宝能否清晰地表达，他们的小脑袋都在思考和学习，会逐渐对当下发生的事情有更深的了解，逐渐学会如何用语言表达自己的想法。

第八章 变大与变小

（20 个月）

　　时值盛夏，太阳正爬向天空的最高处，知了在不停地叫着，好像在为太阳呐喊助威。妈妈带着我在小区里的树荫下乘凉，树荫下凉风习习，炽热的太阳一点也晒不到我。别的小朋友也在他们妈妈的陪伴下，来到树荫下。我和小朋友一边玩耍着，一边分享我手中的零食。食物的碎屑纷纷从我们手中散落下来，吸引了许多蚂蚁。它们来回穿梭着，兴高采烈地把碎屑运到洞里。我蹲下来，仔细地观察这些小蚂蚁。

　　很久以前，我就注意到了这些蚂蚁，每次看到它们我都会用我的小手指着它们，兴奋地喊叫。它们爬得很快，有时候会爬到我的脚边，吓得我赶紧往后退，妈妈安慰我说："别害怕，宝贝，这是小蚂蚁，是益虫，只要不让它们爬到你的身上，它们是不会伤害你的。"

　　我嘴里说着"蚂，蚂"，蹲下来仔细地打量着它们。它们排着整齐的队伍，嘴里叼着一点点饼干屑，努力地朝着洞口爬去。其中一只蚂蚁有其他的两倍大，我指着那只超级大的蚂蚁对妈妈说："大，大。"妈妈笑着说："是的，宝贝，你观察得好仔细啊，这只蚂蚁是最大的。"我兴奋地站起来跺跺脚，接着去观察。我又发现了几只很小的蚂蚁，几乎看不清它们的眼睛。它们也都在忙碌着，但是它们身上没有背饼干屑。妈妈也注意到了，就指着这些小蚂蚁说："宝贝，你看这些蚂蚁好小啊，它们跟你一样，是蚂蚁宝宝呢。"我咯咯地笑出了声。

只见小蚂蚁们排着整齐的队伍，一个一个地把饼干屑搬到洞穴里。洞穴里是什么样子的呢？我也想去它们家里看看。这时候，又有一群蚂蚁钻进洞口，我想跟着这些小蚂蚁进去，就伸出手指头尝试着往蚂蚁洞的更深处探索，但怎么也伸不进去，蚂蚁洞太小了，而我的手指头太大。我的小手指头突然疼了一下，好像是被蚂蚁咬了，我拿出手指，哇哇大哭起来。妈妈赶紧帮我揉了揉手指，告诉我："蚂蚁一般是不会咬人的，肯定是感觉到了危险才会咬你的，以后可不要随便去捅蚂蚁窝了。"

观察了一会儿蚂蚁，我的双腿蹲得发酸，就站起身来。起身的一瞬间我发现自己的影子变大了，我指着影子说："大，大。"妈妈看着我指的影子，对我说："宝贝，妈妈给你变一个魔术啊，你看妈妈的影子现在是这么大的对吧？接下来我能让它马上变大，还可以再让它变小。"说着妈妈站了起来，还张开了双臂，妈妈的影子果然变大了，随后妈妈又蹲下，把双臂抱在胸前，她的影子真的又变小了！

真好玩，我也要把自己的影子变大和变小！我学着妈妈的样子，抱着胳膊蹲下，影子果然变小了，然后又站起来张开双臂，影子立马又变大了。我一直重复着这两个动作，影子也在相应地不断变化。妈妈走过来站到我的身后，我发现妈妈大大的影子把我小小的影子给盖住了，妈妈挪开自己的身体以后，我小小的影子又出现了。

我乐此不疲地和妈妈玩这个变魔术的游戏，早就忘记了看蚂蚁，直到肚子咕咕叫了，我才站起身和影子再见。妈妈说等明天上午我们再出来继续玩这个游戏。

回到家里，奶奶正在做午饭，我和妈妈一起来到厨房帮忙。奶奶准备包饺子，馅儿已经拌好了，她正在揉面团呢。她一手用筷子搅和着面粉，一手拿着杯子往面盆里面倒水。一开始面粉都是散落的小疙瘩，被她揉一揉、团一团，小疙瘩就都聚集到了一起，变成了一个大大的面团。我也想试一试，就到奶奶身边去拿她的面团。她从大面团上揪下一个小面团递给我，让我揉面团玩。

妈妈也和我一起玩了起来。她拿着一个小面团，把小面团放在面粉里来回滚，小面团逐渐变大了。我也拿着自己的面团在面粉里滚来滚去，面团像一个胖嘟嘟的小娃娃，淘气地在面粉里来回扑腾，飞起来的面粉一会儿就把我变成了大花脸。

奶奶将面团搓成长条，拿起刀，干净利落地将大长条切成了好多小段。她又拿起一小段，揪下一个一个的小面团宝宝。我看得入了神，这些长条从那么大又变得这么小了。我学着奶奶的样子，拿起自己的小面团就开始揪。不一会儿，我也揪出来了很多小面团宝宝，只是它们大的大，小的小，没奶奶揪的面团漂亮。

妈妈说这是我自己揪的面团宝宝，一定要单独包饺子。妈妈用我揪的面团宝宝擀皮，擀出的饺子皮和奶奶擀的一点都不一样，大小差异很大。接着妈妈用我制作的面团宝宝包饺子，包完的饺子也是大小不一的。但我很有成就感，开心地拍着手。妈妈拿出一个小锅，她说我的饺子用这个小锅煮。

开始煮饺子了，大饺子和小饺子先后下锅，它们像大大小小的白色小鱼在锅里穿梭。我指着小饺子说："宝宝，宝宝。"小饺子就是大饺子的宝宝，妈妈听了以后笑着说："大人吃大饺子，小朋友吃小饺子。"但是吃饭的时候，奶奶怕我吃不饱，就夹了几个大饺子给我。可是我就喜欢吃小饺子，我觉得我是宝宝，所以一定得吃饺子宝宝！

吃完午饭后，我睡了一个比饺子更香甜的午觉。醒来后，妈妈拿出橡皮泥，继续跟我玩变大变小的游戏。妈妈揉出很多小泥团，然后又将小泥团和在一起。小泥团就像一个个小宝宝，身体挤在一起，逐渐互相融合了，看不出谁是谁，变成了一个大泥团。我也拿着几个彩泥宝宝往一起揉，不过我的力

气很小，它们只是挤在一起，还不能互相融合，等我再使点劲儿，它们就慢慢地变成了一个大彩泥团。

我将不同颜色的彩泥宝宝放在了一起揉。一开始，它们身体的边界还非常清晰，不一会儿它们就互相融合了，黄色的彩泥宝宝身上粘上了红色，逐渐变成了橘黄色。我想起了之前涂鸦的经历，不同颜色的点点一混合就变了颜色，我就又去寻找其他颜色的彩泥。找到后，我用小手撕下一点点彩泥，放在我小小的手掌上面，然后又找到别的颜色的彩泥，使劲儿把它们往一起揉搓，它们的身体边界模糊了，逐渐融合在一起。

玩到这里，我来到妈妈身边，和她紧挨着，使劲儿和她挤着，嘴里说着"变，变"，这样我和妈妈的身体也会融合在一起了吧？妈妈抱着我，给我看她手里的橡皮泥，有三个彩泥宝宝，分别是绿色、蓝色和灰色的。妈妈轻轻把它们捏在一起，并没有使劲儿揉搓，三块彩泥合在一起，界限很分明。妈妈说："宝贝，我们生活的地方是一个大大的地球，而我现在用橡皮泥做了一个小小的地球。"看着我似懂非懂的样子，妈妈拿着这个"小小的地球"，带着我来到书房，指着一个大大的球告诉我："这是地球仪，你看它们是不是很像啊？"

真的很像，那个大大的地球仪就像彩泥小地球的妈妈一样。我把它们挨着放在一起，想看看它们是不是也会融合在一起。妈妈告诉我，它们的材质不一样，大地球是塑料做的，小地球是橡皮泥做的，所以不能融合到一起，如果都是橡皮泥做的，才有可能融合在一起。妈妈说的我还不能完全理解，但是我明白，很多东西都是有大有小的，甚至有比大东西更大的东西，就像我们生活的地球，它已经很大了，但是还有比它更大的地球，只是这个更大的地球在哪里呢？我不时地看看地，又看看天，想找到这个更大的地球。

给爸爸妈妈的话

宝宝已经20个月了，随着运动量的增加，他们的身材比例更加匀称。有的宝宝跑起来很快，还能从走变为跑，又在跑的过程中慢慢停止，这表明他们的身体控制能力增强了。有的宝宝还尝试着向上跳，或者从台阶上跳下来。他们的小手更加灵活，双手能配合做事情，比如自己就能脱鞋和脱袜子，将不同形状的积木放到不同形状的洞洞里。他们的记忆力更强了，曾经去过的地方和玩过的玩具都能记得，能区分不同物品之间的显著差异。此时宝宝的词汇量有显著增长，由于宝宝发展有个体差异，有的宝宝还在说叠词，有的宝宝开始将两三个词放在一起说。对此爸爸妈妈不要着急，只要继续和宝宝多交流，让宝宝在良好的氛围中自然地提升对语言的吸收、理解和表达能力即可。

一、在日常生活中潜移默化学习

生活经验是宝宝学习和成长的最好土壤，生活中的体验、操作能更好地激发宝宝的探索欲和思考欲。

（一）对比大小、高矮

20个月的幼儿，能根据物体的外部形状来辨认物体，并且对物体的外部特征有了初步的了解，比如他们能分出物体的大和小、高和矮。随着生活经验的增加，他们还能在一堆不同大小的物体中挑出较大的那一个和较小的那一个。

认识大和小、高和矮是幼儿认知水平发展的标志，也是幼儿学习比较、分类等数理逻辑的基础。这表示他们已经具备初步的抽象思维，即能抽离出事物的具体形状，找到事物显著的抽象特征。家长可以从日常生活中能够见到的物品入手，引导宝宝来认知事物的大和小。例如，在吃水果的时候，可以问问他

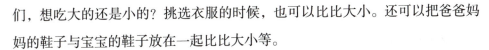

们，想吃大的还是小的？挑选衣服的时候，也可以比比大小。还可以把爸爸妈妈的鞋子与宝宝的鞋子放在一起比比大小等。

（二）关注有变化的、新奇的事物

幼儿进入第20个月，由于大肢体动作得到进一步发展，他们能走到更远的地方，爬到更高的地方，手臂也更加有力，能拿起更多的东西，因此探索欲望进一步增强。随着认知能力发展，他们也会更加关注到有变化的事物，新奇的、能变化的事物更能吸引他们的注意力。

父母同样可以在生活中引导孩子关注那些有变化的事物，这会为他们日后的思维能力发展奠定基础，提升他们对事物的观察力。例如，在家里做饭的时候，可以让孩子多加观察。比如，面粉加水搅拌后经过按、揉等方式，能变成面团，面团还会被擀成面饼，最后切成面条；下雨后，带着孩子去院子里观察树叶上的雨水，看天空中的彩虹；下雪的时候，拿一点雪到温暖的地方，看雪是怎么融化的。这些都能让孩子通过观察事物的表面现象去探究事物的因果关系，为培养他们的逻辑思维和科学探究能力奠定基础。

二、手巧才能心灵

（一）精细动作与大脑发育的关系

儿童心理学家皮亚杰（Jean Piaget）说："儿童的思维是从动作开始的，切断动作与思维的联系，思维就不能得到发展。"动作发展包括大运动和精细动作发展，动作发展不仅能促进思维能力的发展，还和大脑发育息息相关。

有一个成语是"心灵手巧"，它揭示了手部精细动作发展和大脑发展之间的关系。医学研究发现，人的手布满了人体最敏感的神经，人完成各种动作的基础是反射弧；手作为感受器受到刺激后将冲动传导至大脑的神经中枢；大脑对刺激做出反应后，大脑本身所在功能分区的神经元之间的连接会加强，大脑得到发展。

（二）日常支持手部精细动作发展的小游戏

这个月龄的宝宝手指功能分化得更加精细，拇指和其他四指能熟练地握起笔，左右手可以很好地配合做事情。在家中，爸爸妈妈可以和宝宝一起玩一些小游戏。

玩面团：捏面团可以充分锻炼宝宝手指的灵活性。不同发展水平的宝宝都可以用不同的方法来玩捏面团，可以用手掌团，可以按压，可以互相搓，还可以用手指捏。家人在做饭的时候，可以利用剩余的面团和宝宝玩。时间久了，宝宝也会观察家人和面、包饺子的全过程，逐渐参与进去。橡皮泥和超轻黏土因为色彩鲜艳、质地不同，也是很好的材料。

搭积木：搭积木不仅能促进宝宝手部精细动作发展，还能锻炼宝宝手臂的控制力量，促进思维能力的发展。20 个月的宝宝已经能搭 3~4 块积木，甚至更多。他们还不能事先在头脑里设计好自己要搭什么，更多是边搭边想，而且他们更多是往高处搭，一旦底下的积木不稳当，上面的积木就会掉下来。在这个过程中，爸爸妈妈可以多陪着宝宝搭积木，用语言而不是动作引导他们，告诉他们如何将下面的积木放得更稳当，如何能搭得更高。

涂鸦：这个时候的宝宝仍然停留在涂鸦阶段，但是他们的小手已经能将画笔控制得更好，从随意乱涂到能够画出点点与线条。爸爸妈妈可以给宝宝不同的笔，如蜡笔、水彩笔、粉笔等，让他们来画。对于宝宝的画作，家长要保持欣赏的态度，和宝宝交流，他们就算说不出画的是什么，也能说出用了什么颜色。甚至有的宝宝会脑洞大开，说自己画的是某种物品，对于他们的"抽象派画作"，只要家长不断欣赏，宝宝就会更愿意去尝试涂鸦。在这个过程中，他们对画笔的控制能力、上肢的力量、手指的协调能力会不断增强，他们的想象力和语言表达能力也在同步发展。

第九章 给·小·妮娜洗澡

（21 个月）

今天我要给我的布娃娃妮娜洗澡，这可是一件大事情。

妮娜有着大大的眼睛、弯弯的睫毛、粉红的小嘴，还有微微上翘的鼻子。如果你不小心摔她一下，她就"哎哟，哎哟"；如果你挠她的胳肢窝，她还会咯咯笑个不停。自从妮娜来到我家，我对她就爱不释手，吃饭、睡觉、上厕所、出去玩，都会带着妮娜，除了我洗澡的时候，因为我不愿意弄湿妮娜。有一次，妈妈提出要给妮娜洗澡，我哭了好久，妈妈怎么跟我商量我都不愿意，我担心妮娜被洗干净后，就不是原来的模样了。我也不允许任何人动我的妮娜，甚至妮娜的衣服都不能换，妮娜的发型也不能变。

但是今天，我决定给妮娜洗澡。

这还要从昨天说起。昨天我和往常一样，一边躺在浴缸里让妈妈给我洗澡，一边和我的小鸭子、小船玩。浴缸里都是泡泡，把小鸭子给包围了，渐渐地，小鸭子的整个身体都被泡泡

包裹住了。我拿起小鸭子，学着妈妈给我搓澡的样子搓了搓它的身体，没想到小鸭子黄色的身体变得更鲜艳，眼睛更明亮，小嘴巴也更鲜红了。妈妈说，这是因为我给小鸭子洗了个澡，小鸭子变干净了。这下子可激起了我的兴趣，我不仅洗干净了小鸭子，还把小船、小鱼、小乌龟等所有陪我洗澡的小伙伴都给洗干净了，最后还搓起了自己的小脚丫。

今天一大早，我发现妮娜的脸蛋上有蜡笔的痕迹，衣服上还有一些污渍，就拉着妈妈的手来到卧室，嘴里说着"洗，洗，妮娜"。妈妈马上明白了我的意思，决定和我一起给妮娜洗澡。

妈妈先是帮我给妮娜脱掉了衣服，把妮娜背后的电池取了出来，又拿来了一条毛巾、一个水盆和一小瓶盖的洗衣液。妈妈说妮娜的衣服脏了，她先教我怎么给妮娜洗衣服。妈妈拿来一件我的上衣，和妮娜的衣服一起放在水盆里。她洗我的衣服，我洗妮娜的衣服，我学着妈妈的样子揉搓，不一会儿就累得满头大汗。我跑去喝了一口水，等回来时发现，妈妈已经帮我把妮娜的衣服给洗干净了，妮娜的衣服和我的衣服都被挂在了阳台上，还散发着阵阵清香。

我们开始给妮娜洗澡了。在给妮娜洗澡之前，妈妈告诉我因为妮娜很久没洗澡了，所以需要在水里泡一会儿。我想起来妈妈给我讲过的绘本《小熊洗澡》，上面说洗澡是有顺序的，比如洗澡之前要做好护理：准备好毛巾，将长长的头发绑起来，避免洗发水进到眼睛里……在妈妈的协助下，我把妮娜的头发给绑了起来，又找到一个创可贴把妮娜的眼睛给盖住了。妮娜已经准备好去洗澡了。

给妮娜洗澡真是一个漫长的过程，还没有给她洗干净我就饿了，妈妈喂我吃了一点东西，我也给妮娜喂了一点东西，我想她一定也很饿。在洗澡的过程中，我还给妮娜放了我最喜欢的儿歌，并且把平时陪我洗澡的小伙伴们都放在了妮娜的旁边陪着她。

终于洗完了，妈妈去给小妮娜拿新衣服，我突然想起我洗澡后必不可少的大事：抹爽身粉。我爬到浴室的凳子上，从柜子里拿出了爽身粉。我把妮娜的身体上上下下抹了个遍，几乎用了半盒爽身粉，这下妮娜应该很舒服了吧。

妈妈进来了，看着满脸是爽身粉的我和白白的妮娜，笑得弯下了腰。妈妈笑什么呀？我去镜子前一看，原来我干净的小脸蛋变成了一个大花脸。妈妈帮忙清理了我和妮娜身上的爽身粉。清理后，妮娜重新变干净了，但爽身粉的香味留在了她的身上，妈妈夸我特别会照顾妮娜。

晚上，我抱着干干净净、香喷喷的妮娜，舒舒服服地躺在我的小床上，哼着妈妈常唱的儿歌，一会儿便和妮娜一起进入了梦乡。

给爸爸妈妈的话

　　21个月的宝宝开始学会表达情感，不仅仅对父母，而且像小动物、自己喜欢的玩具等，他们都会通过抱一抱、亲一亲等表达自己的喜爱，这说明宝宝情感更加丰富和复杂了。宝宝照顾自己的能力飞速发展。如果渴了，宝宝自己就能拿着杯子喝水。感到热了，宝宝自己也能摘帽子，尝试脱衣服。宝宝喜欢往高处爬，还愿意从高处往下跳，爸爸妈妈要注意安全防护。宝宝开始关注大自然中的变化，如昼夜交替和月亮的阴晴圆缺等。宝宝到了晚上知道要回家睡觉，看到星星、月亮也会用小手去指指。

一、"有样学样"的小大人

（一）模仿能力是思维能力发展的表现

　　婴幼儿的模仿能力从几个月就开始出现了，当一个6个月的宝宝看到妈妈的嘴唇在动，自己也会下意识地动嘴唇。1岁以内，宝宝的模仿仅限于一些简单的动作，如拍手、挥手、点头等。1岁以后，随着幼儿认知能力和身体机能的发展，他们的模仿能力进一步发展。宝宝会从语言、行为、情绪表达等方面全方位模仿父母和周围环境中的成年人。

　　这个月龄的幼儿模仿的动作更加复杂和形象，这说明他们的观察力和思考能力增强了。因为幼儿在模仿的过程中，不仅需要做动作，还需要观察和思考，需要形象思维和动作协同，将头脑中对成人行为的"印象"用动作表达出来。

（二）对模仿中的负面行为进行冷处理

　　随着幼儿年龄增长，他们会积累更多的生活经验，接触更多的人和事物。如果小区里有人骂脏话，幼儿不小心听到了去模仿，这个时候要进行冷处理，因为幼儿的模仿是没有价值判断的，他们缺乏辨别是非的能力，父母不要刻意去纠正，只要用正确的行为替代错误的行为就可以。对宝宝的负面行为和语言进行冷处理，这些行为和语言过一段时间就自然消失了。

（三）保护幼儿正确模仿的兴趣和积极性

父母要积极创造条件，保护幼儿模仿的兴趣和积极性。例如，带孩子去动物园，听动物的叫声，观察动物的体态和姿势，并引导孩子模仿。带孩子听音乐，听儿歌和故事，看绘本，模仿其中角色正确的语言、行为等。这不仅能促进幼儿观察能力、思维能力、记忆能力等方面的发展，也顺应了他们的天性。

同时在日常家庭生活中，营造有利于儿童发展的环境，如早睡早起、家庭成员之间和谐共处、少看电子产品、不吃垃圾食品等。父母良好的言行和积极的生活方式是一面最好的镜子，能够无形中影响到幼儿。

二、"吃喝拉撒"的那些事儿

（一）宝宝会"偏食"吗？

爸爸妈妈最担心的是宝宝偏食导致营养不均衡，影响身体发育。大多数宝宝都有饮食上的偏好，生来就什么都吃的宝宝很少见，但是饮食上的偏好不等于"偏食"。每个宝宝都会对第一次尝试的食物味道有一个适应的过程，暂时出现不想吃某种食物的情况，也是正常的现象，爸爸妈妈先不要急于下结论。

宝宝饮食习惯的养成和家庭中的饮食习惯有重要的联系，家庭中要尽可能做到营养均衡，每顿饭都有肉有蔬菜，并且五谷杂粮和蔬菜水果尽可能多样化。宝宝如果对第一次品尝的食物表现出抗拒，下一次可以改变食物的做法与口味让宝宝品尝。

在保证安全的前提下，邀请宝宝一起进厨房。这个月龄的宝宝已经可以做一些简单的事情，下次进厨房做饭的时候，可以给宝宝一些菜叶子让他们帮助择菜，或者给他们一些面团让他们揉搓。宝宝对于亲自参与的事情会充满期待，积极性更高，也会更加珍惜自己动手得来的劳动成果。

（二）排便训练有新招

1岁半以后，很多宝宝在家中已经不穿纸尿裤了，家里也备有宝宝专用的坐便盆或者小马桶。这些无疑对宝宝的排便训练有很大作用。随着宝宝逐渐长大，他们逐渐能说出"尿尿""便便"等语言，也知道要去坐便盆或者到小马桶上去解决大小便了。

1岁半以后的宝宝晚上通常还需要父母把尿。对于睡眠容易受到影响的宝宝，可以先穿着纸尿裤。随着月龄增长，他们控制夜尿的能力也会增强。根据宝宝个体发展的情况，晚上给宝宝断掉半夜喂奶的习惯后，一般在1岁半到2岁之间要对宝宝进行夜尿控制训练。可以尝试让宝宝白天多饮水，晚上睡觉前少喝水，脱掉纸尿裤，晚间睡觉中途不再叫醒宝宝，看宝宝能否控制夜尿。如果宝宝还会尿床，就继续把尿；如果宝宝不再尿床，说明宝宝已经可以控制夜尿了。此时，宝宝也能尝试自己去脱裤子，当然更多时候还需要爸爸妈妈帮忙，但是宝宝会逐渐学会自己脱裤子。

对宝宝来说，控制夜尿这件事是一件了不起的事情，他们会增强对事物的控制感和获得成就感。久而久之，宝宝在外出时也可以脱掉纸尿裤了。

（三）让宝宝睡一个好觉

宝宝已经初步养成了固定的作息习惯，如果宝宝很困却睡不着，或者一到了夜晚就精力充沛不睡觉，爸爸妈妈也会很着急。我们可以从以下几方面考虑，排除并克服影响宝宝睡好觉的因素。

奶睡：宝宝是否从小养成了奶睡的习惯？即必须喂奶才能睡着，甚至一哭就得喂奶。如果是这种情况，就要戒掉这个习惯。喜欢吃奶睡的宝宝夜尿会比较多，影响睡眠。在戒掉奶睡习惯的时候，刚开始宝宝会因不适应而哭闹，这是因为喜欢奶睡的孩子往往需要更多的安全感。可以多增强亲子之间的陪伴，尝试入睡前用拥抱宝宝、读绘本故事等来逐步替代奶睡。

作息不规律：考虑宝宝是否白天睡得太多，超过了3个小时，或者白天的运动量不够，少于 1 小时，这些都会影响晚上的睡眠。吃饭、运动和睡眠三者（吃、睡、动）是互相影响的，如果吃饭晚或运动量少都会影响睡眠。下午睡得太多，也会影响夜晚的睡眠。

照护不当：有的爸爸妈妈在睡觉前会过度安抚宝宝，比如抱着他们来回走动，或者必须给他们唱歌等。这容易让宝宝过度依赖这些方式，导致无法独立入睡。要想宝宝睡觉好，全家人都需要早点入睡，营造良好的睡眠环境。只要家里安静，灯光变暗，爸爸妈妈给宝宝洗澡、讲绘本，宝宝就知道该入睡了，会逐渐养成独立入睡的习惯。睡觉前爸爸妈妈可以躺在宝宝身边，适当安抚、抚触（按摩）或唱儿歌、讲故事，但是尽可能不要让宝宝对此有所依赖。

第十章　好朋友和一家人

（22个月）

我的好朋友就住在我家隔壁，他眼睛大大的，一笑起来嘴角微微上翘，发出一串串银铃般的声音，特别可爱。他奶奶经常带他到我家和我一起玩耍，每次见到他，我都很兴奋。我们一起分享水果，分享食物，也一起玩玩具。高兴起来时，我们连嘟囔带比划地聊着天，也手舞足蹈地唱着儿歌。当然了，我们也有发生矛盾的时候，每当不开心的时候，我们便噘着小嘴不理对方，我还会藏起我的玩具不给他玩，他也抓起他的玩具紧紧抱住。每当这个时候，奶奶们总是哈哈大笑着批评我们，很快就化解了我们的小矛盾。

我的好朋友已经两天没来我家玩了，我无聊地在客厅里逛来逛去，突然发现奶奶正趴在地上费力地找东西，原来是她的一只鞋子不小心被踢到了桌子底下。这可难不倒我，我灵巧的小身体很轻松地就爬到了桌子底下，一下子就拿到了她的鞋。

奶奶夸我说："欣欣真棒啊，帮鞋子找到了它的好朋友。"哦，原来鞋子也有好朋友啊。我仔细一观察，可不，鞋子的好朋友和它长得几乎一模一样，它们还总待在一起。幸亏有好朋友，否则鞋子每天都在重复着同样的工作，多枯燥啊。它们一起走路，一起在鞋柜里休息，一定也有小矛盾。

这么想着，我便打算去鞋柜里一探究竟。鞋柜里有很多鞋子：妈妈漂亮的高跟鞋整齐地站在那里，鞋面上镶嵌着漂亮的钻石，我猜它们一定会经常比比谁的钻石更闪亮。奶奶的布鞋上绣着花，这只鞋的花瓣挨着那只鞋的花瓣，组成了一朵完整的花——看来好朋友是不能分开的，否则鞋上的花就没办法开放了。我又看看爸爸的鞋，爸爸的皮鞋没有什么花样，只是静静地躺在那里，也难怪，爸爸经常出差，走的路最多，所以他的皮鞋是最累的，这两个好朋友都累得不想说话了吧。我又看看我的鞋，走路的时候，这双鞋的鞋底会亮灯，晚上我穿着它们走在小区里，两只鞋亮闪闪的，为我照亮了前行的路。

我又环顾四周，发现原来家里有很多东西都有好朋友，比如吃饭用的筷子和小碗。筷子们不仅长得一模一样，还形影不离。虽然我还不会使用筷子，但是我见过大人用筷子吃饭。在他们的手中，为了夹起饭菜，两根筷子彼此靠得紧紧的，谁也离不了谁。而小碗就更不用说了，它们有一大群好朋友，在碗柜里亲密地待在一起。我们一家人吃饭的时候，小碗们也都一起来到餐桌上，或是"叮当叮当"地交流着，或是沉默地听

着我们一家人交谈。等我们吃完饭，它们会在洗碗池一起洗个澡，再次回到碗柜里休息。

我正想着，"叮咚"，客厅的门铃响了，我跑去开门，原来是新搬来的邻居来我家做客。邻居爷爷摸了摸我的头，邻居奶奶抱了抱我，还来了一个新朋友壮壮，他和我握了握手。他们刚坐下，我和壮壮就互相盯着看，我忍不住想去摸一摸他帽子上的小熊耳朵，他则害羞地躲在他爷爷怀里，目不转睛地看着我。奶奶拿出了茶具给他们泡茶喝。我最喜欢看奶奶泡茶了，每次奶奶泡茶，都像在进行一场魔法表演，我看得直发呆。

茶具里最大的是茶壶，它有一个大大的肚子，里边藏着很多秘密。我猜，它应该是茶具家族里的"茶壶妈妈"。上次妈妈泡茶，把含苞待放的玫瑰花放到了"茶壶妈妈"的肚子里，又倒入了冒着蒸汽的开水，神奇的事情发生了：花朵绽开了，水也变成了淡淡的粉红色，花香扑鼻而来。而这次，奶奶则是将碧绿的茶叶放到了它的肚子里，水一倒进去，茶叶就像一条条小鱼，随波摇曳，又逐渐沉在壶底，形成了一幅美丽的图画。过了一会儿，奶奶小心翼翼地将茶水倒给"茶杯宝宝"们，"茶杯宝宝"们大口大口接着，很快就喝了一肚子水。

我想起来自己也有一套小茶具！之前我对茶壶妈妈和茶杯宝宝很感兴趣，总想去摸一摸，有一次差点被烫着，还差点把它们打碎，所以妈妈特地给我买了一套结实漂亮的小茶具，让我自己玩。

我兴冲冲地跑回房间，拿出我的茶具展示给邻居爷爷奶奶看。不出所料，他们都赞美了我的茶壶，我非常自豪。壮壮也坐不住了，马上过来和我一起用小茶壶玩倒水的游戏。我的茶杯宝宝个子高矮不同，它们一个比一个高。妈妈告诉我，这是茶壶一家人，就像我们家一样，有爸爸、妈妈、爷爷、奶奶，还有我，每个人的身高都不相同。

我和壮壮都想倒水，就去抢那个最大的茶壶，壮壮手快，先拿到了。我一下子就不开心了，这是我的玩具啊，我都很久没玩了，应该我先玩的。我哇地哭了起来，奶奶过来安慰我说："你可以帮助壮壮摆杯子呀，欣欣摆的杯子可是最整齐的，还能让茶杯从大到小排好队，可棒了。"听奶奶这么一说，我赶紧止住哭声，向大家展示了一下我高超的摆茶杯技能，大家都夸我摆得整齐，连壮壮都在拍手呢。

我们开心地玩了好久，奶奶笑着说我又多了一个朋友。我也发现和壮壮一起倒水、轮流摆杯子，比我一个人玩有意思多了。邻居爷爷奶奶送给我一个新玩具，那是一个小房子，房子上面开着不同形状的窗户。圆圆的窗户和方方的窗户我都认识，还有一个我不认识的奇怪窗户，它有三个尖尖的角，奶奶说那是三角形的窗户。邻居爷爷奶奶还给了我一个盒子，盒子里装着不同形状的木片，奶奶说它们是形状宝宝。她先拿起了一个圆圆的木片，把它放进了圆圆的窗户里，木片一下子就不见了。我从窗户里看，发现它正躺在房子里睡觉呢。于是我也拿起一个木片往圆形的窗户里塞，但是怎么也塞不进去，我急得都要把木片给弄折了。奶奶笑着提示我说："宝贝，你拿的是方形的木片，但这个窗户是圆形的，你觉得它们是好朋友吗？"

奶奶又拿起一个圆形的木片，对我说："你看，这个木片才是圆形窗户的好朋友，你可以试着把它所有的好朋友都找出来。"听到好朋友这个词，我明白了，很快就找到了好几个圆形宝宝。我又模仿奶奶的样子，把它们塞到了圆形窗户里，这下圆形宝宝们不孤单了，它们都进屋子里了。接着我又找到了方形宝宝，往三角形的窗户里塞，塞到一半卡住了，方形宝宝似乎在说："有点疼啊，我进错窗户了。"在奶奶的帮助下，我才把方形宝宝救出来，将它放到了方形的窗户里。等到只剩下三角形的时候，不用奶奶说，我就明白该怎么做了。很快，所有的形状宝宝都进到屋子里去了。打开小房子的门，我发现形状宝宝们又全都混在一起了，但是这个难不倒我，有了之前的经验，这次我很快就将不同的形状宝宝们分别挑选了出来，又把它们塞到了相应的窗户里，让它们安心回家了。

下午，奶奶说带我出去玩沙子，我好期待呀，打算拿上妈妈给我新买的那套沙具。还记得上次玩沙子的时候，我很羡慕小区里的鹏鹏，他有一套神奇的玩具，有绿色的小铲子、小桶和漏斗，尤其是那个叫作漏斗的东西，简直太神奇了。它有敞口的宽阔的嘴巴和一个细长的身体，如果你把沙子从它的嘴巴灌进去，沙子就会通过它细长的身体再流出来。我羡慕地伸手就要去抢鹏鹏的漏斗，鹏鹏紧紧攥着漏斗不给我，他眼看着要哭了，幸亏奶奶及时拉住我去别处玩了。

现在我也有这样一套神奇的玩具了！它们是"沙具一家人"，每个家庭成员都是蓝色的，而鹏鹏的"沙具一家人"是绿色的。看着奶奶拿出了我的新沙具，我高兴得要蹦起来了，等不及要去沙坑里边玩了。沙坑里已经有很多小朋友在玩耍了，每个小朋友都拿着不同颜色的"沙具一家人"，有粉色的，还有黄色的，除了颜色不同，我们的沙具几乎长得一模一样。我在想，它们到底算是沙具好朋友呢，还是沙具一家人呢？

不一会儿，我们就开始了玩沙比赛，看谁淘到的宝贝多。我提着我的蓝色小桶，拿着小铲子，撅起屁股使劲儿地铲沙子，把小桶装得满满的，再把小桶里边的沙子往漏斗里倒，一股细沙顺着细长的管子流了下来，沙漏里居然留下了几个宝贝，有棕色的小石头，还有灰色的小石头。我把石头挑出来拿给奶奶看，这可是我从沙子中间淘出来的宝贝！我淘到的石头越来越多，奶奶给我装到了一个塑料袋里。

旁边小女孩的粉色漏斗里出现了一个漂亮的宝贝，奶奶说那是贝壳。我也想找贝壳，就拿着自己的小铲子去铲沙子，然后倒进漏斗里边。经过不懈的努力，我的漏斗里也终于出现了贝壳。这个贝壳虽然比小女孩的贝壳小，但是它们长得很像，应该也是好朋友吧。我小心翼翼地用小手攥着贝壳，一刻也不愿意松开，生怕把贝壳给弄丢了。不一会儿，我就积攒了好几个贝壳。

回家后，看着我的沙具一家人，我心里特别满足，真是收获满满的一天！我收获了贝壳和它的好朋友，还有石头和它的好朋友。奶奶给它们清洗和消毒后，放进了我的"宝贝箱子"里，我的"宝贝一家人"多了新成员。说实话，宝贝一家人是成员最多的一家人了，有贝壳、石子、干花、木棍、纸片、玻璃球……不知道以后还会有哪些新成员加入呢？

给爸爸妈妈的话

22个月的宝宝跳得更好了，有的宝宝还能尝试单脚跳。对于还不会跳的宝宝，可以让他们多走、多跑、多上台阶，这样他们的下肢力量会越来越强，身体协调性也会日益加强，在某一个时刻就会尝试跳跃。此时，宝宝已经能用语言表达很多东西了，包括自己的情绪与想法，比如高兴与悲伤的情绪，自己饿了或者想上厕所等。他们能叫出自己的昵称，有时候还会反复称呼自己的昵称以引起爸爸妈妈的注意。除了大小、高矮，他们还初步理解了前后、上下的意义。宝宝的自我照顾能力进一步提高。比如，在爸爸妈妈的引导下，有的宝宝能自己独立吃完一顿饭。再如，他们困了知道要去床上睡觉。除了家人，宝宝还开始关注小区的同伴、周围的小动物、公园的花朵与鸟叫等。

一、宝宝开始关注更广范围的人与物

（一）发展幼儿的乐群性

22个月左右，幼儿开始展现出乐群性的特质。乐群性是指幼儿喜欢和同伴一起玩耍，喜欢参与群体活动。尽管2岁左右的幼儿还不具备分享和主动与同伴合作的能力（真正的合作和分享行为通常要等到4岁左右才会逐渐发展出来），但是他们的生活空间已经开始逐渐扩大，从家庭向社区延伸，他们关注的人开始增多，从对母亲及近亲属的依恋发展到对同伴、邻居等周边熟悉的人的关注。这个阶段是发展幼儿乐群性的良好时机，家长可以通过鼓励和引导幼儿多参与小区内的社交活动，与同龄小伙伴一起玩耍，接触更多的人，帮助幼儿感受周围世界的多样性。虽然2岁左右的幼儿并不会主动与同伴交往，但他们可以与同伴一起游戏、玩耍，在成人的引导下与其他小朋友进行交换玩具等互动。这个过程可以帮助幼儿模仿、等待和观察，为以后建立同伴关系和社交互动打下基础。另外，家长还可以邀请邻居和亲戚家的同龄幼儿来串门和玩耍。

（二）喜欢大自然中的事物

对于大自然中的事物，宝宝最先关注的是小动物，然后才是植物。如果在小区里看到邻居在遛狗，宝宝会对小狗的叫声、形态充满好奇。虽然小狗走到自己身边的时候，他们一开始似乎还有些害怕，但是通过观察会发现他们按捺不住对小狗的好奇和喜爱，有的宝宝会开心地跺脚或者跟着小狗跑。他们的认知能力和记忆能力迅速发展，能认出很多动物，并且能叫出动物的名字，也很愿意去模仿动物的叫声。爸爸妈妈可以带着宝宝去动物园、农场等能够喂小动物的地方，例如带着宝宝给小兔子喂喂胡萝卜，给小矮马喂喂青草等，这不仅能让他们感受到小动物生命的活力，还能培养他们对小动物生命的热爱。

公园里的青草、盛开的花朵都是有生命的，爸爸妈妈带着宝宝去郊游的时候，多带他们近距离观察草的颜色、闻一闻花香，告诉宝宝它们也是有生命的，不要随意将花朵摘下来，也不要践踏小草，这些都能让宝宝更加热爱大自然。

二、幼儿认知能力有了质的发展

（一）同类事物有规律

2岁左右的幼儿能认识4种以上的颜色，并对常见的形状有了更深入的理解，能够从物体的形状、颜色、大小中总结规律，找到相似、同类的物品。这种能力的发展反映了他们认知能力的提高。2岁以前，幼儿通过感知觉体验事物；2岁以后，幼儿会基于以往的生活经验，开始对事物的外部特征进行概括，学会对事物进行分类，比如他们能从一堆物品中将相同颜色、相同形状的物品挑选出来。

在日常生活中，家长可以多引导幼儿进行简单的分类，比如在整理玩具的时候将颜色相同的玩具放到一起、帮助家人摆放鞋子、在家长的帮助下将家里大小不一的书籍进行摆放等。这些活动都可以促进幼儿认知能力的提高。

（二）事情发生有缘由

宝宝开始理解事情的发生都是有原因和有结果的。比如，将杯子扔到地上，杯子会被打碎；头上的包是因为昨天跑步不小心磕的等。这表明宝宝的认知和思维能力有了更深入的发展，他们能将前后发生的两件事情的因果联系起来。

爸爸妈妈平时可以和宝宝多聊天，尤其对于他们感兴趣的事情，可以多聊聊原因和结果。比如，宝宝的衣服小了，要告诉宝宝是因为他们个子长高了，而个子长高，是因为他们吃饭吃得好；今天肚子有点疼，是因为早上喝的水有点凉了，那以后就不能喝凉水，否则肚子还会疼。宝宝会逐渐理解自己的行为都是会引起一些结果的，再遇到类似的事情，宝宝也会愿意听从爸爸妈妈的建议。

（三）理解、联想更顺畅

0~3岁的宝宝处于感知动作思维阶段，他们需要通过直接感知和实际行动来探索世界。比如，大人告诉他们冰是凉的，他们必须亲自去触摸，小脑袋才能明白"凉"这个词的意义。同样，大人说柜子里的东西要拿到外边，他们无法理解，要先自己钻到柜子里，再钻出来，然后才能理解"里"和"外"的含义。也就是说，宝宝的思维离不开他们对于具体事物的感知。

接近2岁的宝宝，由于有了更多生活经验和感知操作经验的积累，逐渐发展出更深的理解力与想象力。也就是说，很多时候他们不再需要去亲自感知操作，脑海里就会出现相应的想象。比如，大人拿着图画书说"这个苹果很好吃，好甜"，宝宝脑海里可以想象出"甜"的味道，甚至不自觉流下口水。这个阶段爸爸妈妈可以多给宝宝读有丰富画面的绘本，并且尝试让宝宝说一说绘本里发生了什么。这种"看图说话"的过程除了可以锻炼他们的观察能力和语言表达能力，也是在培养宝宝的想象力。如果宝宝还不能表达太多或者想象太多，只要让宝宝多观察，爸爸妈妈多和宝宝讲述就可以啦。爸爸妈妈也可以多和宝宝聊一聊已经发生的事情，以及明天将要做的事情，这对他们的思维能力发展也是有好处的。

第十一章（上） 妈妈的小花园
（23 个月）

我已经 23 个月了，越来越喜欢这个世界了，哪里都想去，什么东西都想摸一摸。最近，我偶然间发现家里有一个神秘的角落，那是妈妈的"秘密基地"——阳台小花园。我经常看到妈妈拿着一个小容器在那里进进出出，那个小容器可以喷洒出阵阵水雾，妈妈告诉我那是"喷壶"，是用来给花浇水的。每次，我都站在一旁静静地看着妈妈浇水，她的手轻轻一按，轻柔的水雾就洒向花朵，她的脸上总是洋溢着幸福的微笑。妈妈还会对我说："宝宝，这些小花也需要喝水，就像你一样，喝足了水它们会变得更茁壮、更水灵。"奶奶说，这是妈妈的小花园，小花园里的每一朵花都像我一样需要被呵护。

有一次，妈妈拿着毛巾轻轻擦拭着一盆花的叶子，她温柔地看着那盆花，好像看着自己的另外一个孩子。我赶紧跑过去抱住妈妈的腿，我才是妈妈最爱的宝宝，叶子不是！妈妈看着我紧张的样子，便抱起我说："要给叶子擦去灰尘，花仙子才能呼吸啊。"她接着说："每一朵花里，都住着一位花仙子，花的模样不同，花仙子也不同呢。"我用我的小手扒拉着花瓣，想找到花仙子，妈妈拉住我的手说："这样是找不到花仙子的，等到你长大了，花朵也长大了，花仙子就出来了。"看着我迷惑的表情，妈妈指着一朵花说："宝贝你看，这朵花叫白玉兰，有着大大的花朵，晶莹似雪，片片精巧的花瓣，就像她的裙子；再看这朵花，它是茉莉花，你闻闻，它很香，它的叶子是椭圆形的，它穿的裙子层层叠叠的，像不像百褶裙？"可不是，我一靠近茉莉花，一股我从来没有闻过的清香便飘了过来，让我感觉很愉悦。这些花形态各异、婀娜多姿，真像不同的仙女姐姐。而且我还有一个发现，就是当妈妈看着这些花的时候，眼睛里就闪烁着小星星，她看我的时候也是这样。我经常融化在妈妈温柔的眼神里，这些小花一定也和我一样，喜欢妈妈凝视它们的样子吧。

妈妈闲暇的时候，就会站在阳台上久久地欣赏这些花，也会花很长时间去照顾它们，给它们喝水，看看它们长没长高。每当妈妈浇水的时候，我都想过去和妈妈一起，但是奶奶总是说："不要靠近那里。那里有水，你会滑倒的。"奶奶不懂，每次看到妈妈专心地照顾这些花的时候，我内心都有一种说不出的感觉，担心妈妈再也不爱我，只爱这些花了，不过这种说不出的感觉更多的时候被好奇心盖过了。每次看到妈妈拿着小水壶，对着小花盆，手一动，水就喷洒出来，我都会觉得："哇，太神奇了！这好像公园里的喷泉呀！要是有一天，我能像妈妈一样拿着这个漂亮的小水壶给花浇水，那该多神气啊！

有一天，妈妈带回来了一种和其他花都不一样的植物。我听到她跟奶奶聊天说："这是多肉，给多肉浇水，跟别的花不太一样。给别的花浇水只要把水倒进花盆里就可以了，给多肉浇水，需要把整个花盆全都浸泡在水里，就像是给多肉洗澡。"于是，妈妈准备了一个很大很大的盆子，接满水，再把装着多肉的小花盆一个个放在里面。妈妈说这样就能让多肉喝饱水了。妈妈说了那么多，其实我没听懂几句，但听到"洗澡"两个字，我兴奋不已。之前给洋娃娃妮娜洗澡，让我开心了好久，我当然不能错过这么好玩的事情啦！所以我迫不及待地也想给多肉洗个澡。也许洗澡的时候，我就能找到多肉里边的仙女姐姐啦！

妈妈和奶奶都去忙活别的事了，机会来了！我迅速跑到妈妈的小花园，踮起脚尖，拿起一个多肉花盆就往大水盆里扔。但我没有发现，水盆里根本没有水，"咣当"一声，花盆头朝下栽了下去，花盆里的多肉摔了出来，土也撒得到处都是。奶奶闻声过来，看到一地狼藉，表情立刻严肃起来："宝宝！你怎么把花弄坏了！"我被奶奶严肃的面孔吓到了，"哇"的一声大哭起来。我以为妈妈听到我的哭声，会立刻过来安慰我，帮我跟奶奶解释一下，我是在帮多肉洗澡呢！可是妈妈怎么迟迟不来？我哭得更厉害了！

奶奶继续说道："宝宝，妈妈辛辛苦苦养的花，你怎么能这样破坏呢？"一听奶奶竟然这样误解我，我更加伤心了。这时，妈妈终于过来了，我立马扑到妈妈的怀里，想让妈妈抱抱我。妈妈抱住我，轻轻地帮我擦了擦眼泪，然后安抚我说："宝贝，别难过。奶奶是觉得你这样做很危险。要是你在水多的地方滑倒，伤到自己该怎么办？况且，小花离开土壤就会枯萎了，仙女姐姐也不能跳舞了。"

我还是很难过。"妈妈，妈妈……"我边哭边喊。

妈妈捧着我的小脸柔声说："宝宝不哭了，你刚才那样做，确实伤害到了多肉呢。你看现在多肉多疼呀，它从它的家里掉出来，万一再也回不去了怎么办？"

听到妈妈这么说，那种说不出来的感觉又来了。我才是妈妈的孩子，这些花不是妈妈的孩子，为什么妈妈总是在关心那些花呢？！就算是最漂亮的仙女姐姐，也不应该比得上我在妈妈心里的位置呀！只有我才是妈妈最爱的孩子！我用手搂住妈妈的脖子，哭得更厉害了："呜呜呜……花花，花花，浇水，浇水！"

"妈妈知道了，你是想给花花浇水，只是不小心没有拿住花花，对不对？"妈妈这样说，看来她是理解我的。

妈妈接着说："宝贝，要不这样，妈妈给你也准备一个小花盆，你在里面栽上属于你的多肉，然后你负责给它洗澡，妈

妈帮助你好不好？"

可是我已经长大了呀，妈妈为什么要给我小花盆？"不要不要，呜呜呜……我要大花盆！我要浇水！"

妈妈把我抱到水盆边，说："你看，是不是因为这个花盆太大了，宝宝才拿不住的？而且就像奶奶说的，这里的地上有水，很滑，你会摔个大跟头的。"

"呜呜呜呜……"那种说不出的感觉又来了，我觉得妈妈不爱我了，她只想着保护她的花朵，一点儿都不信任我，也不愿意满足我的愿望。我不知道自己哭了多久，只记得妈妈没有再说话，她静静地抱着哭泣的我，轻轻地抚摸着我的小脑袋。哭着哭着，我感觉自己的眼皮越来越沉重，渐渐疲惫地进入了梦乡。在梦中，我觉得有人把我抱了起来，可是我没有力气睁开眼睛查看。

不知道过了多久，当我再次睁开眼睛，看到妈妈就在我身边，我奶声奶气地喊："妈妈！"妈妈摸摸我的头，轻声说："宝宝醒了呀！快让妈妈亲亲你！"妈妈的眼睛里又亮起了小星星，我立刻融化在了她温柔的眼神里。

我的目光不经意间掠过了妈妈的"秘密基地"，突然想起了妈妈的多肉。我连忙问道："花花，花花？"妈妈点点头说："妈妈已经把花花种回花盆里了，它不会枯萎了！"说着，妈妈带我走进她的小花园。果然，地面已经变干净了，花花也种回到花盆里了。这时，奶奶也过来了，她亲亲我的脸说：

"对，花花不会枯萎了，它回花盆里了。宝宝，奶奶要向你道歉，对不起，奶奶刚刚不该说你搞破坏。妈妈跟我说了，宝宝是想帮助妈妈给花花浇水。奶奶有点着急了，不要生奶奶的气啦。"我看了看奶奶，发现奶奶的眼睛里也闪着温柔的小星星。于是，我用我的小手分别牵起奶奶和妈妈的手，说道："奶奶乖，妈妈乖。"我又指着小花园说："仙女姐姐，乖。"只要仙女姐姐好好的，我就放心了，因为我爱妈妈和奶奶，也爱仙女姐姐。我也明白了，妈妈虽然爱仙女姐姐，但是妈妈最爱的还是我。

给爸爸妈妈的话

亲爱的爸爸妈妈，宝宝已经23个月了，他们的各种能力正在迅速增强，同时也表现出了更加强烈的探索欲望。尤其是接近2岁的孩子，会越来越觉得自己长大了，就更想探索这个世界。教育学家蒙台梭利（Maria Montessori）说过："儿童对细小事物的观察与热爱，是对已无暇顾及环境的成人的一种弥补。"此时的孩子对事物的观察更加细微，常常关注到细节，并且可以更加惟妙惟肖地模仿大人的行为，比如穿妈妈的鞋子、拿扫把扫地。此阶段的孩子也进入"淘气""麻烦"的阶段，对父母来说，如何应对孩子犯错误变得尤为重要，因为这是建立亲子关系的关键时期，也是孩子建立信任感的关键时期。

一、宝宝情绪发展的新阶段

（一）宝宝更关心爸爸妈妈是否爱自己

这个年龄段的孩子，容易分不清父母的教育与父母的爱之间的区别，他们往往会把父母对自己犯错时的教育，误解为父母不爱自己了。他们很在意爸爸妈妈的表情、动作和声音，而对于爸爸妈妈为什么生气还不能理解，他们还会觉得：因为爸爸大声和自己说话，所以爸爸不爱自己了；因为妈妈的表情严肃，所以妈妈不爱自己了；因为妈妈抱了邻居家的小朋友，没有抱自己，所以妈妈爱邻居家的小朋友胜过爱自己。

2岁的孩子正处于信任感和安全感建立的关键期，因此对于孩子的错误，大人需要用正面引导的方式来应对，而不是直接"惩罚"或者"吼叫"。当父母发脾气或者吼叫孩子的时候，孩子的情绪会被压抑，他们会感到非常紧张和害怕，认为家长在意的"事物"（如文中的植物）比自己还要重要，认为家长爱其他物品胜过爱自己。如果孩子经常处于被责备的状态中，会影响他们信任感和安全感的建立，进而影响他们与周围人的交往。

（二）宝宝喜欢听到表扬

随着宝宝自我意识的发展，接近 2 岁的宝宝已经有了自尊心，他们更愿意听到爸爸妈妈的表扬。爸爸妈妈的拥抱、亲吻以及给小礼物等行为，更能让宝宝开心不已。

宝宝对于自我的认识，往往来自周围成年人对自己的评价。如果我们总是说宝宝害羞、宝宝运动能力不强等，宝宝就会认为自己就是这样的人。因此，多给宝宝正向积极的评价，有利于宝宝形成良好正向的自我意识。

日常要多看到宝宝行为的闪光点和真正进步的地方，表扬要具体实际。结合宝宝做的事情，来表扬宝宝做事情的细节，往往对于他们的行为塑造更有效。例如，可以说"宝宝今天自己将鞋放到了鞋柜里，宝宝真勤快""宝宝将地上的垃圾丢到了垃圾桶里，宝宝真懂事"等。不过表扬应真诚、客观，如果无论宝宝做得如何，爸爸妈妈都只会说"你真棒，你真聪明"，那表扬就会流于形式，宝宝也会无所适从。

二、宝宝"犯错"怎么办？

（一）区分"犯错"和"探索"

成人要区分清楚宝宝的某些行为，到底是孩子"犯错"了，还是孩子出于好奇的心理而有的探索行为，只是大人没有读懂。有时，孩子看似在犯错，实际上是在相应的敏感期内做出的尝试或探索。2 岁左右的孩子好奇心越来越强烈，模仿能力也在增强，他们很想参与大人的事务，认为大人能做的，自己也能做。孩子对自己感兴趣的事情有自己的处理方式，不会按照大人的思维逻辑行事，这时家长可能会认为孩子在"捣乱"或"不听话"，甚至会带着情绪看待这种行为，做出责备、吼叫等不明智的反应。正确的方法是，只要孩子没有危险，家长要给孩子探索的空间和机会，并且仔细观察孩子的行为，反思其背后的原因。注意不要随意评价和指责他们的行为，否则会大大降低孩子自主探索的能力，导致孩子形成不敢探索、不敢做主的行为模式。

（二）了解此阶段儿童喜欢做的事情

1. 非常喜欢让家长反复阅读自己喜欢的绘本。

2. 不喜欢与亲密的家人分开。

3. 对物品的完整性和完美性有所坚持，例如香蕉折断后会变得不开心，不穿妈妈新买的鞋子而只穿旧的，物品被破坏后心情失落等。

4. 非常喜欢独立完成某些事情，不希望大人帮助他们。

（三）宝宝更关注在"犯错误""搞破坏"中的体验感

宝宝的"搞破坏"，更多是出于对事物的好奇心和探索欲望。比如，文中的宝宝只是因为看到了水壶进水、喷水以及给多肉洗澡的好玩与神奇，感到这样做非常有意思，才想尝试自己去浇花，并没有过多去想自己的行为是否会伤害到植物。通过这些操作，他们增强了自己的动手能力和想象力。如果重视孩子的体验和成长，父母应该努力想想，看看有没有更好的办法，既让孩子不破坏环境，又能支持他们的探索。如开辟一个专门"搞破坏"的区域，来支持孩子的探索行为；或者在宝宝玩耍结束后，和宝宝一起来收拾环境。如果宝宝的"搞破坏"会影响公共环境，或者违背大原则，爸爸妈妈还是要坚持原则，将事情会导致的后果给宝宝讲清楚，帮助宝宝想想有没有其他可替代的游戏。

三、尊重宝宝的个体差异

（一）宝宝的生长发育有差异

还有一个月宝宝就 2 岁了，爸爸妈妈看到了宝宝更多的发展与变化，也对宝宝充满期待，同时也很容易将自己的宝宝和别人的宝宝做比较。有的家长发现自己家的孩子长的个头没有别人家孩子高，就担心是不是营养不够；还有的家长羡慕别人家宝宝在 1 岁半的时候就能控制排便，而自己的宝宝还在穿着尿不湿，所以很焦虑、担忧。其实，宝宝们的生长发育是由每个人的发展进程决定的，每个宝宝都有自己的节奏，需要综合考虑遗传、家庭环境、喂养习惯、个体差异等方面对宝宝生长发育的影响。爸爸妈妈需要充分尊重宝宝的独立性，并且为宝宝生长发育尽可能提供良好的照护、丰富的刺激，同时要耐心等待，给宝宝发展的时间与空间。爸爸妈妈也要不断学习，充分了解这个年龄段宝宝发展的一般规律，再观察自己宝宝发展的状况。若是宝宝的某项指标十分滞后，也可以及时去医院的儿童生长发育科或者相应科室进行咨询。

（二）宝宝自身发展的不均衡性

具体到每一个宝宝，他们在各个领域的发展不是同时进行的，有的快一些，有的慢一些，不存在完全全能的宝宝。有的宝宝语言发展很好，但可能大运动发展慢一些；有的宝宝爱运动，但是手部精细动作可能弱一些；还有的宝宝特别会察言观色，但是胆量小，这些都是正常的。每个宝宝的天生气质类型不一样，家庭教养环境不同，他们在集中精力发展一种能力时，有时候就没有精力去发展其他方面。

爸爸妈妈要充分了解自己的宝宝，在现阶段宝宝感兴趣的地方支持、鼓励他们。如果宝宝特别喜欢走，从走这件事情上获得了自信，每天总是在不停地走，不愿意坐下来，就要顺应宝宝的发展需求，让宝宝多多练习走路。等到宝宝走得很熟练了，他们自然会关注到自己其他方面的能力。这个时候，爸爸妈妈再逐步去引导宝宝其他方面的发展，比如引导他们安静下来，给他们读一读绘本或者和他们去搭积木。爸爸妈妈需要有全领域发展的理念，在实践中可以一步步来。对于宝宝暂时发展较慢的地方，不要以为那是他的弱项，更不要焦虑，可以找准宝宝的兴趣点，在发展宝宝现有擅长的能力的基础上，再逐步引导宝宝对其他方面的兴趣。

第十一章（下） 洞洞里的秘密
（23 个月）

　　我已经快两岁了，好奇心越来越强烈了，一片叶子、一块石子、一块果皮、一粒米饭、一只蚂蚁……对我来说都有着无法抗拒的吸引力。

　　这不，今天一大早我就有了新发现。清晨的阳光铺洒在我的被子上，温柔地抚摸着我，我伸了个懒腰，睁开双眼，立刻被一个神奇的景象吸引了。在我淡蓝色的小床旁边，竟然有一排小洞洞，它们整齐而乖巧，像一群忠实的小伙伴等待着我的到来。咦，我以前怎么从来没有留意过它们呢？仔细想了想，我想起来这些小洞洞里，曾经装饰着一些能摇动、能发出欢快声响的玩具，但随着我渐渐长大，这些玩具不再吸引我了，小洞洞也渐渐变得寂寞起来。我用小手去抚摸这些小洞洞，没想到我的手指头竟然能伸进去，从小洞洞另一端露出来。我又将另一只小手的手指从小洞洞那端伸进去，居然能勾住这只小手的手指。我将小脸贴近小洞洞，透过洞洞往外看，哇，我们全家人都在洞洞里呢！先是爸爸走过来，盯着我看了一会儿，拍了拍我的脑袋，然后是爷爷匆匆走向卫生间，后来奶奶又进来了。我想要去摸一摸洞洞里的他们，但我的小手抓了半天，结果什么都没有抓到。一不小心，我的小手指从对面穿过了小洞洞。哎哟哟，好疼啊！我差点戳到自己的眼睛。幸运的是，我下意识地闭上了眼睛，眼睛没有受伤。但我还是感觉到了疼，忍不住流出了眼泪，大哭起来。妈妈着急地跑过来，帮我揉了揉眼睛。确认我没有受伤后，她又匆匆忙忙去上班了。

早饭后，奶奶在刷碗。门铃响了，但爷爷奶奶都没去开门，看来只有我听到了门铃声。我记得只要有人按门铃，奶奶就会先在那个叫作"猫眼"的洞洞里看一会儿，想到这里，我走到门边想去看猫眼洞洞，但是它太高了，我根本看不到。这时爷爷走了过来，他抱起我，让我从猫眼的小洞洞往外看，里边竟然有一个小小的快递叔叔正微笑着看我们呢。爷爷一打开门，咦，快递叔叔又变大了，这个猫眼洞洞太神奇了。

我想让爷爷也进到洞洞里。爷爷走到门外，按了一下门铃，奶奶抱起我一看，爷爷果然在这个猫眼洞洞里，而且真的变小了，等我一开门，爷爷又变大了。真好玩！我又让奶奶出去试试，奶奶站在门外按门铃，爷爷抱起我从猫眼往外看，里面真的有一个很小的奶奶呢。我想自己去试试，我拉着奶奶出去按门铃，爷爷用手机拍下了猫眼洞洞里的我们。我和奶奶在洞洞里都变得很小很小。我又跑到小床那里，透过小床的洞洞看了看爷爷奶奶，但这次他们没有变小，看来猫眼洞洞和小床的洞洞不同，它能把人变小又变大。

爷爷奶奶和我正坐在沙发上休息，卫生间里传来了哗哗哗、轰隆隆的声音。我满心好奇地闯了进去，发现是洗衣机发出的声音。洗衣机上也有一个大洞洞，但是这个洞洞被一个透明的圆形门挡着，我隔着洞洞一看，里边的衣服裹着泡沫正在哗哗旋转，一圈圈的波纹跳动着，热闹得像正在举行舞会呢。奶奶说："这是洗衣机在洗衣服。里边是一些脏衣服，过一会儿，从这个洞洞里掏出来的就是干净的衣服了。"果然，等奶奶打开门，从洞洞里掏出的衣服就变得干干净净。原来衣服要变干净，只需要在洗衣机的洞洞里跳舞。我也想试试，但是家里没有脏衣服了，奶奶说可以把我的毛绒玩具洗洗，于是我就把毛绒小狗、小兔子、小熊都放进了洞洞里。它们在波浪里旋转着，好像在游泳，又好像在冲浪。不一会儿洗衣机停止了转动，我从洞洞里拿出了我的毛绒玩具，好干净，还带着一股香味呢。洗衣机的洞洞就像一个儿童乐园，玩偶都能进去跳舞，那我能进去跟它们一起玩吗？我想钻进去，但奶奶说不行，那很危险，只有衣服能放进去，如果我想把自己变干净，只能去浴缸里。我想起来在浴缸里，我也能游泳和冲浪，但是我还没有跳过舞，我今晚要试试，一边冲水一边旋转跳舞，会不会更好玩。

　　我还发现在家里的墙壁上，有很多洞洞都被堵住了，只有在爸爸妈妈用电脑的时候才能打开那些洞洞。他们会拿着一根长长的电线，把电线的脚插到洞洞里，这样电脑就能打开了。我跑到书房，往爸爸的书桌上爬，想去看看那些洞洞里有什么。爷爷赶忙过来阻止了我。他告诉我，这个洞洞是电源插座，千万不能用小手去摸，否则我可能会触电，非常危险。看着爷爷严肃的眼神，我吓得不敢动了，但是我还是很好奇，这些洞洞里有什么呢？爷爷便耐心地给我讲，这些洞洞里，有一种叫作"电"的东西，电能让所有的电器工作，但是它又很危险，不能直接用手去触摸，否则就很危险。

　　这样说来，这个"电"不就是一种吃人的怪物吗？这是个坏洞洞，怪不得爸爸妈妈要把它的嘴给堵上。想到这里，我有点讨厌这个洞洞。但是"电"似乎也不全是坏的，它还能让电脑播放动画片。好复杂，我的小脑袋瓜真的想不明白。爷爷看着我迷茫的表情，告诉我："电是一种动力，它太强大了，对于人来说是不能触摸的，但也因为有了电，家里的所有电器才能被打开，我们的生活都离不开电。"这么说来，"电"这种怪物也很有用呢。

　　爷爷拿出一把钥匙，说要给我看一个好东西。他带我来到他的卧室，找到一个小皮箱，上边挂着一把小小的锁，锁上有一个小小的洞。我对着小洞洞看了会儿，里边除了黄色的锁芯，什么都看不到。我使劲儿拽那把锁，发现根本拽不开，只

见爷爷拿起那把小钥匙，将钥匙对准洞洞，向右一旋转，咔嚓一声，小锁打开了，真是太神奇了！这个神秘的箱子里有好多证书，爷爷把里边的证书都拿出来翻给我看，每个证书上都有一张照片，有的是一个年轻的哥哥，有的是一个帅气的叔叔，最后我才看到了爷爷的照片。除了爷爷，那些人都是谁啊？我正纳闷呢，爷爷告诉我，这些都是他，有十几岁的他，有三十几岁的他，还有现在的他。

嗯？我头脑有点混乱，这些哥哥、叔叔这么年轻，怎么会是我的爷爷呢？爷爷接着说："爷爷以前也是一个小孩，后来慢慢长大，变成了照片里的哥哥，又变成了照片里的叔叔，最后爷爷变老了，就成了现在的爷爷。"

我似乎听懂了，不过，在所有的照片中，我最喜欢现在的爷爷，我抱着爷爷的照片亲了亲。爷爷很爱惜地将这些证书收好后，拿起那把黄色的小锁把箱子锁上。我这才发现锁上还有一个洞洞，锁头弯弯的铁棍必须穿进那个洞洞里才能锁上，但要想打开锁，钥匙必须穿进底下的洞洞。我透过那些洞洞往里看，什么都看不到，又拿小手去抠了下，什么都抠不出来。锁上的洞洞和其他洞洞不同，它们锁住了很多宝贵的东西和秘密，锁住了爷爷的很多故事，但是只要有了钥匙，就能打开这些秘密，了解这些故事。希望爷爷下次继续讲给我听。

这些天，我迷上了洞洞，不只是家里的洞洞，还有小区里下水道盖子上的洞洞、蚂蚁窝的洞洞、树上的洞洞、沙坑里的洞洞……下雨的时候，我看到雨水哗哗地从洞洞流到了下水道里，院子很快就没有积水了；天晴的时候，我看到蚂蚁成群结队地往洞洞里运送食物，看起来小小的洞，却能藏下那么多的蚂蚁和食物；我还看到有些老树上面有树洞，这些洞洞就像大眼睛一样看着我，仿佛在告诉我："我是树的爷爷，我年轻的时候就是小树苗啊。"

我不仅发现了很多洞洞，还能自己造出许多小洞洞。我用小手戳沙坑，沙坑会立刻出现洞洞，而洞洞一被灌满水，就消失不见了。吃早餐的时候，妈妈把刚烤好的面包端上来，我忍不住先用手指戳了一个洞洞，戳了洞洞的面包似乎比原来的面包更好吃了。我好喜欢洞洞世界，它们神秘莫测，又充满惊喜。我好想把自己变小，这样我就能钻进所有的洞洞里，打开所有的秘密，和蚂蚁共同分享食物，去树洞里找找啄木鸟爱吃哪些虫子，再跑到沙洞里去探险……

给爸爸妈妈的话

23～24个月的宝宝即将迈入新的发展阶段，他们的运动能力更强了，比如能慢慢地上下楼梯，虽然有的宝宝对于上下楼梯还有点胆怯，需要成人更多引导。他们的词汇量也爆炸式增长，有时候会"语出惊人"，突然说出一长串话，有时候又自己嘟囔着说一些成人听不懂的话。他们越来越有主见了，会坚持去做自己想做的事情，这说明他们已经有了"自我意识"。他们的小手更加灵活，不仅能搭积木、玩拼图、捏橡皮泥，还能画出直线、曲线和半封闭的线条。这个阶段，他们不仅发现了自我，还发现了外界更广阔的空间和世界。这会使他们逐渐脱离开家庭这个小"世界"，去探索更大的世界。

一、探索空间和孔洞

（一）对空间的好奇

宝宝从七八个月会爬开始，就对空间充满了好奇。"视崖实验"中，这么大的宝宝爬到床边的时候，会敏锐地感觉到床边距离地面的距离，这说明他们对空间有了一定的敏感度。1岁以后，宝宝对里、外、上、下有了更多探索，经常在柜子里爬上爬下，或是上下楼梯，或是攀爬到沙发与桌子上面、藏到床底下。这是他们在通过自身的感知不断探索空间的奥秘。

空间敏感期一直会持续到6岁甚至更大。在这个过程中，宝宝通过探索了解空间的概念，并且随着年龄的增长，他们的认知水平不断提高，探索的方式也不断升级。育儿专家孙瑞雪在《捕捉儿童敏感期》中指出："儿童通过抛洒、移动物体探索空间，感知他和物品、空间之间的关系，把里面的东西取出来，把外面的东西塞进去，是幼儿认知空间的最初过程。"

（二）神秘的孔洞

宝宝对于孔洞的探索从未停止过，1岁多的宝宝喜欢抠洞洞，2岁左右的幼儿仍然对孔洞充满好奇。由于生活经验所限，2岁左右的幼儿对自己身体上的洞洞，如鼻孔、嘴巴等充满好奇，也会对家庭中常见的有孔、有洞的东西产生兴趣，他们总想把手指伸进洞里去抠一抠。他们还会对孔洞充满想象，如果一时兴起，他们甚至会忘我地尝试把脑袋也伸进去，想努力看一看那个洞洞里到底有什么。

有学者指出，"儿童对某种事物的特殊感受性，会一直持续到这种感受需求完全得到满足为止"。在这期间，成人可以积极引导幼儿寻找、观察常见的孔洞。例如，从了解身体的孔洞开始，让孩子去触摸自己和成人的鼻孔、嘴巴，以形象的语言告诉孩子鼻子、嘴巴的用途，以及如何爱护它们：鼻子用来嗅味道和呼吸，不能随便去抠；嘴巴是吃东西的，哪些食物可以吃，哪些不能随意塞到嘴巴里。

对于家庭里常见的孔洞，家长可以告诉他们这些孔洞是用来做什么的。对于电源插座等，家长要重点跟宝宝强调不能随意摸上面的洞。日常使用中要设置安全措施，如将电源插座放置在高处。家长还可以和孩子玩孔洞游戏，例如在纸张上挖出小孔，让孩子透过小孔看世界。家长还可以挖出不同形状的孔，如圆形的孔、方形的孔、三角形的孔等，让他们体验从不同的空间观察事物的感觉，也让他们对形状有初步的感知。

二、好习惯助力成长

（一）宝宝要怎么刷牙

现在可以给宝宝刷牙了，要选择儿童专用的软毛牙刷和含氟少的儿童牙膏。为了引起宝宝刷牙的兴趣，不妨带着宝宝去买牙膏和牙刷，可以让他们自己选择款式与颜色。宝宝还不会自己刷牙，爸爸妈妈可以带着宝宝一起刷牙，先给宝宝做示范，再让宝宝自己试一试。通常情况下，宝宝不能一下子学会刷牙，但是一定要让他们亲自尝试，这样他们会认为刷牙是自己的事情，而不是爸爸妈妈的责任。宝宝刷一遍，爸爸妈妈可以帮助宝宝再刷一遍。

如果将刷牙作为枯燥的、必须完成的任务，宝宝就会厌烦，可以将刷牙变成好玩的游戏。刷牙前可以给宝宝读一读关于刷牙的绘本，和宝宝一起唱刷牙有关的儿歌，还可以演绎刷牙故事。比如，爸爸妈妈穿上白色的衣服，装扮成牙齿的样子，衣服上贴上"蛀虫"的图片，让宝宝去帮助爸爸妈妈把"蛀虫"摘下来。这样情景化的游戏有助于宝宝直观了解刷牙的重要性，也能提高他们刷牙的积极性。

（二）自己洗手

告诉宝宝，每次出门回来、吃饭前或者便后都要洗手。爸爸妈妈要鼓励宝宝自己去洗手，让他们自己打开水龙头，抹上洗手液，洗完手再关上水龙头，最后自己去擦手。不要小看洗手这件小事，这不仅关系到良好的卫生习惯的养成，也能让宝宝在洗手过程中知道自己的事情自己做，培养他们的独立意识。

遇到宝宝在洗手时泡泡冲洗不干净的情况，爸爸妈妈可以帮助宝宝多冲洗几遍。还有很多宝宝会在洗手的过程中不断玩水，忘记了要把手擦干，爸爸妈妈可以将水龙头的水开得小一些，告诉宝宝不能浪费水，等到宝宝稍微觉得满足后，再关上水龙头。还可以告诉宝宝，之后会给他专门安排玩水的地方和时间，这样就能帮助宝宝顺利完成洗手这件事了。

第十二章 我喜欢晚上
（24个月）

"宝贝，天快黑了，要回家了，咱们和小朋友们说再见吧。"奶奶把我从小区的沙坑里抱出来，边说边和我一起收拾着沙具。

听到这句话，我心里有一种莫名的哀伤。哦，又要天黑了，又要说再见了，我有点想哭。我的好朋友壮壮和妞妞像往常一样，过来和我拥抱了一下，这是我们之间的告别仪式。孩子们和家人都回家了，小区里顿时安静下来。

奶奶拉着我的手往家里走。夜幕缓缓降临，小区里的路灯一盏盏地亮起来，月亮也挂在了夜空中，照着奶奶的大影子和我的小影子，皎洁的月亮和远处的路灯交相辉映，我都有些分不清哪个是路灯，哪个是月亮了。

走进电梯里，我哭了出来，我不想回家，也不喜欢晚上。

奶奶抱起我，一边拍着我的背安抚我一边进了家门。和我一起洗手、换衣服后，奶奶就去厨房和爷爷一起做晚饭了。我在客厅里无聊地玩着玩具，等待着爸爸妈妈回来。

手里的积木不小心掉到了地上，哐当一声特别响亮，我愣住了。此时，门口传来了窸窸窣窣的声响，好像有什么东西在外面走动。天黑了，门口会是谁？肯定不是爸爸妈妈，他们往常是在晚饭做好后才到家。是大灰狼吗？对，就是跟踪小红帽的那个大灰狼。大灰狼有着尖尖的獠牙和绿幽幽的眼睛，它把小红帽的奶奶吃了，还要吃掉小红帽。我不敢想下去，哇地哭了出来。

奶奶赶紧过来，抱着我问我怎么了，我用小手指着门口，呜咽地说："响，狼，狼。"奶奶说："哪里有什么狼啊，不信我打开门看看。"奶奶打开了门，一阵风吹来，奶奶说："应该是楼道里的窗户没关，所以有风的声音。城市里的大灰狼都被关在了动物园里，大山里才有狼，而且大山还距离我们很远呢。宝宝不要怕。"

我稍微平静下来，顺着阳台看向窗外。天空已经完全变黑了，什么也看不清。白天，云朵在蔚蓝的天空中自由舒展，有时候像甜甜的棉花糖，有时候又变成温柔的小绵羊。从阳台的窗户往外看，能看到很多树，还有飞来飞去形态各异的小鸟：喜鹊每天都开心地叫着，啄木鸟一刻也不停地捉虫子，小麻雀轻巧地飞来飞去……而此时，云朵已经被漆黑的天空吞没，阳台上只能看到黑乎乎的树影，树上似乎藏着什么小怪物……我不喜欢晚上，晚上太可怕了！想到这里，我把头埋到了奶奶的怀里，小手伸着要去拉窗帘。

我听到了钥匙开门的声音，是妈妈回来了！我挣脱了奶奶的怀抱，跑向了门口。妈妈的神色有一点点疲倦，头发还有点乱，难道她在回来的路上，碰到了那只仓皇逃窜的大灰狼？还是她也被树上的怪物吓了一跳？看到我，妈妈露出欣慰的笑容，我指着门口对她说："狼……"还没有等妈妈明白过来，奶奶已经讲了刚才的事，把妈妈逗得哈哈大笑。"哪里有什么狼啊，大灰狼只在故事里才出现，何况，你是这么勇敢的小勇士，大灰狼看到你才会害怕呢。别忘了，你有魔法棒，还有孙悟空的金箍棒，这些都能把大灰狼赶走啊。"对哦，妈妈说到这里，我突然一点都不害怕了，还隐隐约约有种自豪感。"还有，如果有一只大灰狼晚上来找你，那它不一定是想吃掉你，可能是向你求助呢。""嗯？什么是求助？大灰狼除了吃小红帽，还会做别的事情吗？"看着我疑惑的表情，妈妈笑着说："你知道吗？有坏大灰狼，也有好大灰狼，也许这只大灰狼，是晚上找不到自己的家了，它又饥又渴，需要喝一口水，吃一点食物，才来敲门的。"我似懂非懂，觉得大灰狼有点可怜，好像它也不那么可怕了。

吃完饭，接下来是看绘本、洗澡和睡觉的时间了。我莫名地感到一阵难过，特别是妈妈说要带我去卧室睡觉的时候，我说什么也不肯去。我可一点都不困，我还想继续玩，我还有很多游戏没有玩呢。

爷爷正在洗手间洗漱，哗哗的流水声让我想起了那只绘本里的大鳄鱼。它现在肯定就藏在洗手间的浴缸里，等爷爷洗漱完，它会悄悄爬过来藏到我的床底下。它张着可怕的大嘴，能吞下整个房子，如果我被它吞掉，就只能永远待在它的肚子里了。它的肚子可没有客厅这么亮，像外面漆黑的夜一样可怕……

"妈妈，鳄鱼。"我哭着叫妈妈，"打鳄鱼。"妈妈看着我，扑哧笑出声来。她拿出那本《我的床底下有一只大鳄鱼》绘本，里面讲到小女孩苏菲的床底下有一只名叫卡尔的大鳄鱼，但是她一点都不怕它，反倒是鳄鱼卡尔有点胆怯。他们一起做游戏，变戏法，鳄鱼卡尔还给苏菲做了美味的鸡蛋饼！鳄鱼卡尔就这样一直陪着小女孩苏菲玩耍，直到苏菲睡着，鳄鱼卡尔才像一只老鼠一样偷偷地溜走了。

妈妈不断重复那句话："像只老鼠一样，偷偷地溜走了。"妈妈还做出"偷偷地溜走"的动作，由于奶奶刚刚拖过客厅的地，地面很滑，妈妈做这个动作的时候，差点滑倒，一家人都被她逗乐了。

不过，就算大灰狼和大鳄鱼都不可怕了，我还是不喜欢晚上！

我心里有股莫名的烦躁，我想大喊大叫，想出去玩，但是夜晚太寂静了，哪怕出现一点点声音我都会被吓到。我拉着妈妈的手，指着阳台，说："宝宝，不喜欢黑。"妈妈点点头，然后打开阳台的窗帘，柔声对我说："你看，夜晚多美啊。"此时，夜空已经不似刚才那样漆黑，星星出来了，一闪一闪地眨着眼睛，圆圆的月亮——天空中最大最圆的宝石，散发着温柔的光芒。在星空之下，整个城市熠熠生辉。远处有彩色的霓虹灯，妈妈说那里是我们经常购物和游玩的地方。而近处，一排排整齐高耸的楼房，每个窗户都亮着灯，每盏灯看起来都不一样。妈妈说每个窗户里都是一个不一样的家，每个家里都有爸爸妈妈、哥哥姐姐，或者其他小朋友。妈妈还说，我的好朋友们说不定也正在阳台上欣赏夜景呢。

"妈妈，大灰狼、鳄鱼，去哪里？""大灰狼和鳄鱼啊，它们不住在城市，只住在属于它们的家。它们的家在山里，在水里，或者在地球的某一个角落，它们也和自己的爸爸妈妈在一起。""妈妈，小鸟，哪里？""它们和自己的爸爸妈妈躺在温暖的鸟窝里。"看来晚上大家都在家里和爸爸妈妈在一起。

"有些事情在晚上做会更有意思，比如在浴缸里航海。"对，我要去航海。自从这个月奶奶和妈妈把我从充气小船里转移到大浴缸里，我就变成了最伟大的船长，可以战胜水怪、巨浪和海盗，拯救美人鱼。对，我要带上宝剑。我去玩具筐里找到小宝剑，拎起来就冲进浴室。奶奶已经帮我调好了水温，我扑通一声就跳进浴缸里，开始打水怪、抓海盗。我玩得大汗淋漓，这个时候再洗个澡，别提有多舒服了。

　　我已经忘记了夜晚来临时那种孤单的感觉，泡完澡往卧室走的时候，我还留恋地看了看阳台外面美丽的星空。

　　回到卧室后，我躺在床上，发现头顶竟然出现了一小片星空。难道爸爸妈妈会变魔术，把星空搬到了我的卧室吗？我很好奇，站到床上，想去摸那片星空。妈妈示意我躺下来，她指着旁边一盏小小的灯，告诉我卧室的星空是通过这盏小灯投影上去的。我把手放在小灯上方，没想到我的小手变得好大好大，印到了天花板上，把星空都遮住了。

　　我躺在温暖的被窝里，依偎着爸爸妈妈，看着头顶的夜空。我想，大灰狼应该已经吃饱了，和爸爸妈妈睡觉去了吧？水怪也有妈妈，它被我打败后，会和妈妈告状吗？美人鱼估计已经被王子接回了家，而陪苏菲玩耍的那只鳄鱼，又像老鼠一样偷偷地溜走了吗？要是苏菲的屋子也有像我屋子这样的星空，估计鳄鱼就舍不得走了吧。

　　夜晚真美好，我开始喜欢晚上了。

给爸爸妈妈的话

宝宝已经2岁了，运动能力逐渐增强，神经系统的功能逐渐发育完善，能双腿跳起来，还能叠6~7块积木。宝宝对外界的好奇心越发增强，他们的独立性也更强，愿意自己去做事情，比如自己去翻书，用勺子吃饭。此时宝宝的牙齿已经长出16颗左右，身高继续增长，但是比起1岁时候的增长速度会有所减慢。宝宝的语言能力进一步发展，能够用简单的语言表达情绪，比如害怕、开心等。宝宝对白天和黑夜的变化感知更加明显，尤其是随着生活经验的增加，他们会出现对黑夜的恐惧，害怕陌生人，害怕绘本里讲过的鬼怪、大灰狼，害怕影子，害怕一个人待在屋子里等。这些都是正常现象，标志着他们的心智更加成熟，情感发展趋于复杂和高级。

一、宝宝害怕夜晚怎么办?

到了2岁，宝宝有了更加丰富的想象力，往往会将绘本、动画片里的形象移植到现实中。在天黑的时候，这种想象会更加突出。爸爸妈妈可以通过以下做法，让孩子逐渐克服恐惧，喜欢黑夜。

(一) 在日常互动中避免用恐惧的形象、情境

日常生活中，成人要避免对宝宝说"你再不睡觉，大灰狼就来了"这样的话语，有时候这些话能暂时起到作用，但是会潜移默化加深他们的恐惧感。避免给孩子看暴力、血腥或有妖魔鬼怪形象的动画片及电影。很多绘本会出现"大灰狼""大鲨鱼"等形象，成人要多用好玩、游戏的口吻和孩子讲述这些形象。避免长时间将孩子自己一人留在阴暗的空间里，家人离开孩子的时候，要给他们说清楚，自己很快就会回来。

（二）增强夜晚生活的趣味性

夜晚对孩子来说，可以是温馨多彩的。在晚上，由于一天的疲累，孩子往往更加需要父母的安抚，而有的孩子觉得白天没有玩够，晚上精力会比较充沛。这时候，成人需要根据孩子的个体情况安排夜晚生活。对于需要陪伴的孩子，爸爸妈妈可以通过阅读绘本、听轻音乐、做手工等方式来安排夜晚生活。对于精力充沛的孩子，可以做一些独属于夜晚的活动，比如去院子里看星星、在浴室里玩浴缸游戏（可以在浴缸里放置干净的充气小船、小鸭子、小鱼等，与他们游戏）、在卧室和爸爸妈妈玩枕头大战游戏等。这些安排都可以让夜晚生活变得不一样，也能让孩子们更加期待夜晚的到来。

（三）引导孩子说出恐惧，告知某些现象的真相以帮助他们克服恐惧

当孩子感到恐惧的时候，首先，大人要安抚他们，帮助孩子把心里的恐惧说出来并认真倾听。他们往往会因为语言表达受限，而不能说出真实的恐惧的感觉，此时成人可以加以引导，比如问他们："你是因为害怕才哭的吗？"当孩子在家长的帮助下将恐惧感说出来，并得到安抚后，他们的恐惧感就会消除一大半。

其次，增加孩子的生活经验，帮助他们去了解自己所恐惧的对象的真相。例如，一些孩子害怕大灰狼，可以带他们去动物园看看真实的狼，将狼的特点、生活习性等讲给他们听。一些孩子害怕晚上的黑影子，可以在卧室里和孩子玩影子游戏，或是在太阳底下，让孩子观察自己的影子。如此他们就会逐渐明白，这些自己所恐惧的对象也是寻常的动物或者是自然现象，恐惧感会逐渐消失。

二、提供多元化的、促进宝宝发展的玩具和材料

（一）选择适当的绘本

为他们选择适当的绘本，让宝宝在阅读中成长。宝宝七八个月时，爸爸妈妈可以开始给他们看布书、洞洞书、发声书、立体书等；1岁以后，给宝宝选

择图多字少或者只有图没有文字的绘本，让宝宝多看图，多观察和倾听；1 岁半以后，可以给宝宝选择文字简洁易懂，句子短小精悍、重复性强，故事情节简单的绘本，让宝宝在富有韵律、不断重复的句子中逐渐习得说简单句的能力；2 岁左右，很多宝宝开始说"电报句"、简单句，具备了初步的共情能力和更强的理解能力，可以给宝宝选择有一定故事情节、图画丰富、文字较少的绘本。

在给宝宝读绘本的过程中，家长要多和宝宝互动，观察宝宝的兴趣点和情绪，有时候宝宝会因为绘本中的小动物找不到妈妈了而露出难过的表情，这正说明宝宝的情感更加丰富，初步具备了与他人共情的能力。重复读同一本绘本，也是这个阶段宝宝喜欢的方式。他们在重复阅读中不断观察绘本中的图画细节，回味有趣味的情节，获得阅读的兴趣，学习词语和句子。

（二）拼图和积木

拼图和积木都是益智类玩具。对于 2 岁的宝宝来说，玩拼图和积木不仅能锻炼宝宝的精细动作、手眼协调能力，也能提升他们的观察能力、认知能力、思维能力。2 岁宝宝一般能拼出 4~7 块拼图，但是也存在个体差异。爸爸妈妈可以给宝宝选择大块的拼图，注意拼图需要边缘光滑，图案简单。在和宝宝一起拼拼图的时候，家长要有耐心，给宝宝更多时间去观察拼图的线索，例如相似的线条、图片等，不要在宝宝还没有观察充分的时候，就告诉宝宝应该怎么拼。

这个年龄段的宝宝已经不仅能将积木垒高，有的还能横向连接积木，试图进行围合。爸爸妈妈可以给宝宝选择质地轻、大而软、色彩鲜艳的积木。这样也能在宝宝搭建积木的时候保障安全。爸爸妈妈可以多和宝宝一起玩拼图和积木，观察宝宝的状况，多用语言引导宝宝。在宝宝遇到困难或者进行不下去的时候，为他们提供思路，多鼓励和肯定他们。

（三）厨房类玩具、娃娃家庭类玩具、小车类玩具

迷你小厨房、仿真蔬菜、仿真水果、仿真锅灶等，都是这个时候宝宝爱玩的玩具。平时他们看到爸爸妈妈、爷爷奶奶、姥姥姥爷在厨房做饭，会一直暗

地里观察和模仿。如果给他们提供厨房类玩具，你会看到他们拧开"煤气灶"，往"锅"里倒"油"，拿着"铲子"炒"菜"，简直和大人一模一样。厨房类玩具能让宝宝充分展开模仿，提升他们的观察能力、手眼协调能力、思维能力等，还能让他们充分体验到成就感。

如果家中空间宽敞，可以投放娃娃家庭和小车等玩具。如果给宝宝提供布娃娃和娃娃的衣服、浴缸、梳子等，宝宝会像妈妈照顾自己一样照顾布娃娃，比如给布娃娃洗脸、梳头，还会像模像样地给娃娃洗澡。有的孩子还特别喜欢玩小车，那么爸爸妈妈平时带着宝宝上街的时候，可以给宝宝介绍消防车、公交车、小汽车、救护车、警车等不同类型的车，还可以给他们购买一些玩具车。